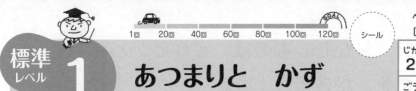

シール

べんきょうした日

〔　　月　　日〕

じかん 20ぷん	とくてん
ごうかく 40てん	／50てん

標準レベル 1　あつまりと　かず

1 えと　おなじ　かずだけ　○に　いろを　ぬりましょう。（1つ5てん）

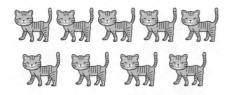

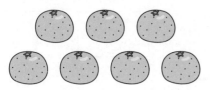

2 おなじ　かずの　ものを　せんで　むすびましょう。（1つ5てん）

3 おなじ　かずの　ものを　せんで　むすびましょう。（1つ5てん）

5	6	7	8	9

1

上級レベル 2　あつまりと かず

1 おなじ かずの ものを せんで むすびましょう。（1つ5てん）

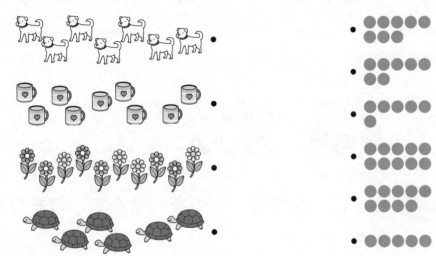

2 おなじ かずの ものを せんで むすびましょう。（1つ5てん）

| 5 | 9 | 4 | 6 | 7 |

3 かずが おなじ ものは どれと どれですか。なまえを かきましょう。（1くみ5てん）

ほし　　　　　うし　　　　　えんぴつ

とり　　　　　あめ　　　　　かに

けしごむ　　　きつね　　　　とまと

☐ と ☐　　　☐ と ☐

☐ と ☐

べんきょうした日　[　　月　　日]

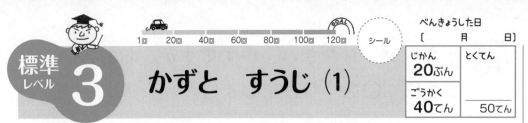

標準レベル 3 かずと すうじ (1)

じかん 20ぷん　ごうかく 40てん　とくてん ／50てん

1 いくつですか。すうじで かきましょう。 (1つ3てん)

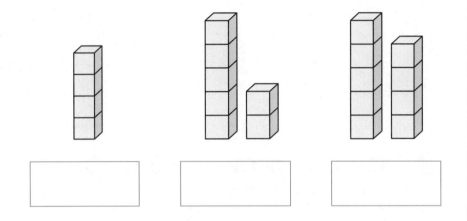

2 すうじの かずだけ ○を ぬりましょう。 (1つ3てん)

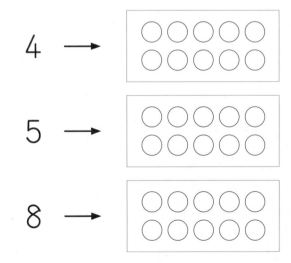

3 どちらが おおきい かずですか。おおきい ほうに ○を つけましょう。 (1つ4てん)

(1) 3　7

(2) 8　5

(3) 9　5

(4) 6　8

4 □に あう かずを かきましょう。 (□1つ2てん)

(1)

1　2　　　　　5

(2)

5　　　7　　　9

(3)

8　7　　　5

(4)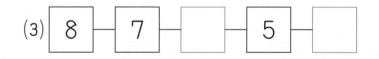

　　5　4　　　2

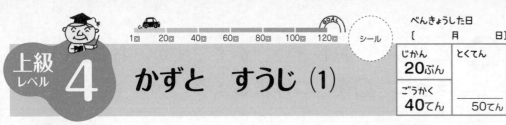

べんきょうした日	
〔　　　月　　　日〕	
じかん **20**ぷん	とくてん
ごうかく **40**てん	＿＿＿ 50てん

上級レベル 4　かずと すうじ (1)

1 つみきは いくつ ありますか。かずを かきましょう。(1つ3てん)

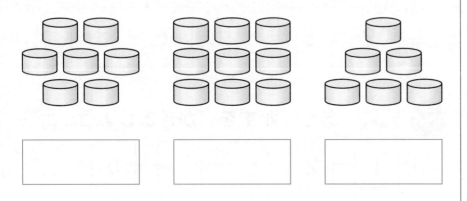

2 ☐の なかに あう かずだけ 〇を かきましょう。(1つ3てん)

(1) 〇〇〇と ☐☐☐☐☐☐ で 5

(2) 〇〇と ☐☐☐☐☐☐ で 7

(3) 〇〇〇〇〇〇と ☐☐☐☐☐ で 10

3 どちらが おおきい かずですか。おおきい ほうに 〇を つけましょう。(1つ2てん)

(1) | 1 | 9 |

(2) | 1 | 0 |

(3) | 1 | 10 |

(4) | 0 | 10 |

(5) | 9 | 0 |

(6) | 9 | 10 |

4 ☐に あう かずを かきましょう。(☐1つ2てん)

(1) | 3 | | | 6 | |

(2) | 0 | 1 | | | 4 |

(3) | 6 | | | 9 | |

(4) | 4 | 3 | | 1 | |

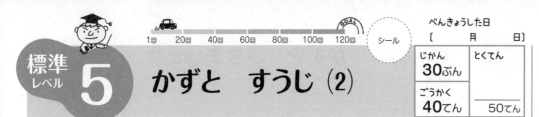

かずと すうじ (2)

1 かずが おおい じゅんに どうぶつの なまえを かきましょう。（1つ3てん）

(1)

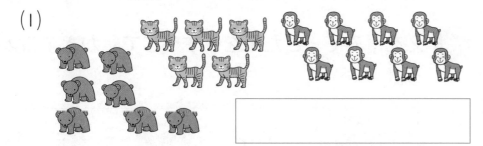

(2)

2 つぎの かずを おおきい じゅんに ならべましょう。（1つ5てん）

(1)（7，3，4，6，5）

(2)（6，9，10，2，7，8）

3 □に あう かずを かきましょう。（□1つ2てん）

(1) | 2 | 4 | | 8 | |

(2) | | | 8 | 7 | |

(3) | 8 | 6 | | 2 | |

4 2つの かずの ちがいを すうじで かきましょう。（1つ5てん）

(1) 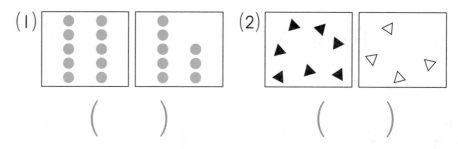 　　（　　）

(2) 　　（　　）

(3) 　　（　　）

(4)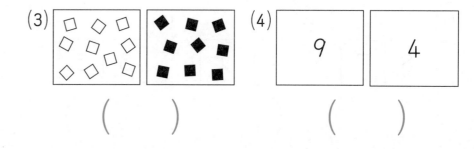

| 9 | 4 |

（　　）

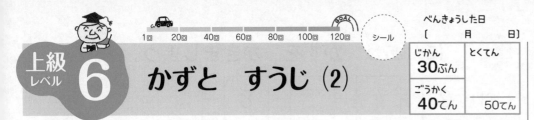
1 つぎの　かずを　おおきい　じゅんに　ならべましょう。(1つ3てん)

(1) (6，3，9，8，4)

(2) (10，6，7，8，1)

(3) (4，10，6，8，0，2)

(4) (0，10，6，9，3)

2 2つの　かずの　ちがいを　すうじで　かきましょう。(1つ4てん)

(1)

8	7

(　　)

(2)

10	1

(　　)

(3)

5	5

(　　)

3 □に　あう　かずを　かきましょう。(□1つ2てん)

(1)

1			5	7	

(2)

	8	6			2

4 えを　みて　こたえを　すうじで　かきましょう。(1つ6てん)

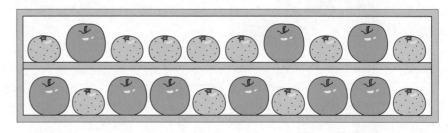

(1) うえの　だんに　ある　みかんは　なんこですか。

(2) りんごは　ぜんぶで　なんこですか。

(3) うえの　だんに　ある　みかんの　かずと　したの　だんに　ある　みかんの　かずの　ちがいは　なんこですか。

標準レベル

1回 20回 40回 60回 80回 100回 120回　シール

べんきょうした日
〔　　月　　日〕

じかん **20**ぷん
ごうかく **40**てん

とくてん
　　　　50てん

7 いくつと いくつ (1)

1 えんぴつが ぜんぶで 6ぽん あります。

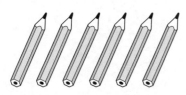

ふでばこに はいって いる えんぴつは
なんぼんですか。（1つ3てん）

(1)

(2)

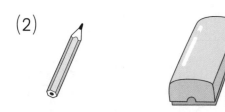

(3)

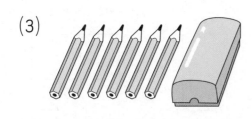

2 □の なかに えを かきましょう。（1つ4てん）

(1) ○○○
　　○○○ は ○○○○と ［　　　　　　　］

(2) ○○○○○ は ［　　　　　　　］ と ○○

(3) ×××× は
　　××× ［　　　　　　　］ と ×××
　　　　　　　　　　　　　　　 ×××

(4) ［　　　　　　　］ は △△△と △△△

3 □の なかに かずを かきましょう。（1つ5てん）

(1) 5は 2と ［　　］ です。

(2) 8は ［　　］ と 3です。

(3) ［　　］ は 2と 7です。

(4) 2と 4で ［　　］ です。

(5) ［　　］ と 1で 8です。

7

1 ねこが ぜんぶで 9ひき います。

おうちに はいって いる ねこは なんびき ですか。（1つ4てん）

(1)

(2)

(3)

2 □の なかに かずを かきましょう。（1つ5てん）

(1) 8は 4と □ です。

(2) 10は □ と 7です。

(3) 3と 3で □ です。

(4) □ と 8で 9です。

3 うえの だんの かずを 2この かずに わけます。あいて いる ところに かずを かきましょう。（1つ3てん）

(1)　　　　　　(2)　　　　　　(3)
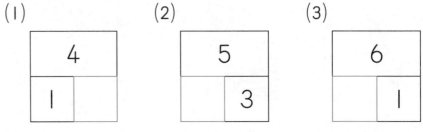

(4)　　　　　　(5)　　　　　　(6)
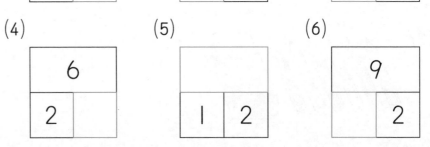

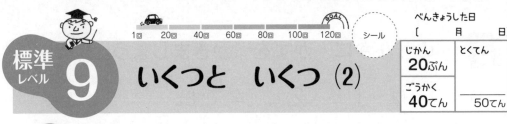

べんきょうした日
[　　月　　日]

じかん 20ぷん	とくてん
ごうかく 40てん	50てん

1 うえと したの かずを あわせて 10に なるように せんで むすびましょう。（1つ2てん）

8　1　7　4　5

6　2　4　3　5　9

2 うえの だんの かずを 2この かずに わけます。あいて いる ところに かずを かきましょう。（1つ2てん）

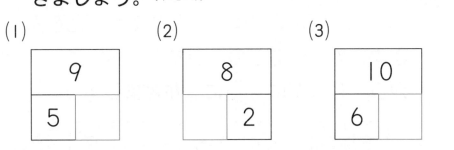

(1)
9
5	

(2)
8
	2

(3)
10
6	

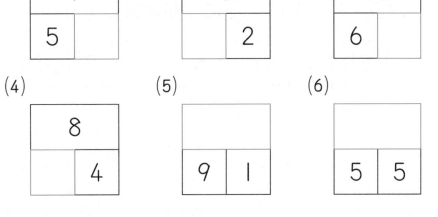

(4)
8
	4

(5)
9	1

(6)
5	5

3 うえの たまを 3この いれものに わけて いれます。あいて いる いれものに たまを かきましょう。（1つ5てん）

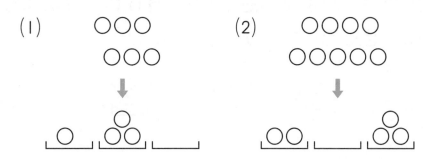

4 うえの だんの かずを したの だんの 3この かずに わけます。あいて いる ところに かずを かきましょう。（1つ3てん）

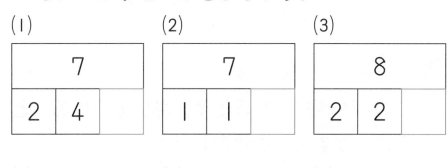

(1)
7		
2	4	

(2)
7		
1	1	

(3)
8		
2	2	

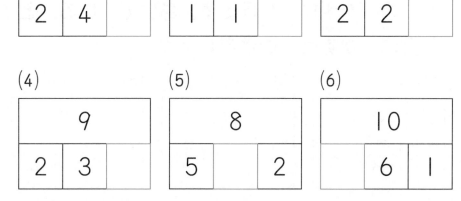

(4)
9		
2	3	

(5)
8		
5	2	

(6)
10		
6	1	

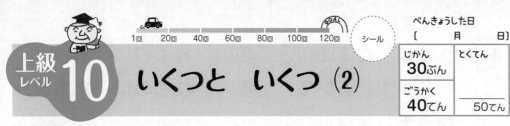
1 2つの　かずを　あわせて　10に　なるように　せんで　むすびましょう。（1つ5てん）

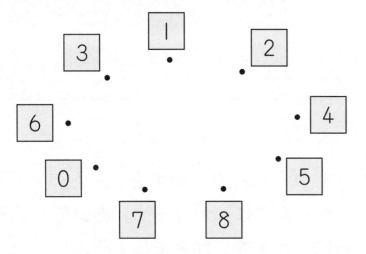

2 うえの　だんの　かずを　したの　だんの　3この　かずに　わけます。あいて　いる　ところに　かずを　かきましょう。（1つ5てん）

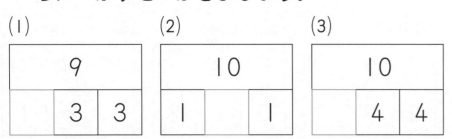

(1)
9	
3	3

(2)
10	
1	1

(3)
10	
4	4

3 □の　なかに　かずを　かきましょう。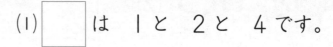（1つ4てん）

(1) □　は　1と　2と　4です。

(2) 8は　1と　□　と　4です。

(3) 1と　1と　8で　□　です。

(4) 5と　□　と　2で　9です。

4 したの　かあどの　かずが　3こ　あわせて　10に　なるように　えらびます。えらんだ　3まいの　かあどの　かずを　ちいさい　かずから　じゅんに　□に　かきましょう。（4てん）

| 5 | 1 | 8 | 6 | 7 | 9 | 3 |

□　と　□　と　□

べんきょうした日 〔　　月　　日〕

じかん 20ぷん	とくてん
ごうかく 40てん	50てん

標準レベル 11 たしざん（1）

1 あわせると いくつに なりますか。（1つ4てん）

(1) 　　　□ こ

(2) 　　□ まい

(3) 　　□ にん

2 ふえると いくつに なりますか。（1つ4てん）

(1)

2ひき あそびに きました。　□ ひき

(2)

2さつ かいました。　□ さつ

3 たしざんを しましょう。（1つ3てん）

(1) 7＋2　　　　(2) 1＋3

(3) 6＋1　　　　(4) 6＋3

(5) 5＋4　　　　(6) 4＋6

(7) 2＋2　　　　(8) 8＋1

4 ももが 3こ あります。そこへ 6こ もらいました。ぜんぶで なんこに なりますか。（6てん）

（しき）□　　（こたえ）□

11

上級レベル 12 たしざん (1)

1 たすと いくつに なりますか。□に かず を かきましょう。（1つ4てん）

(1) まさおくんの あめ 3こと ゆみこさんの あめ 4こで □こ

(2) どうぶつえんの とら 2とうと らいおん 7とうで □とう

(3) あかい はた 4ほんと あおい はた 4ほ んで □ほん

2 たしざんを しましょう。（1つ3てん）

(1) 7 + 3　　　　(2) 6 + 4

(3) 4 + 2　　　　(4) 3 + 0

(5) 1 + 9　　　　(6) 9 + 1

(7) 5 + 5　　　　(8) 4 + 4

3 あわせると いくつに なりますか。しきを かいて こたえましょう。（1つ4てん）

(1)

(しき) ☐　　　　(こたえ) ☐つ

(2)

(しき) ☐　　　　(こたえ) ☐ひき

4 でんせんに はとが 4わ います。べつの はとが 2わ とんで きて ならびました。 ぜんぶで なんわ いますか。（6てん）

(しき) ☐　　　　(こたえ) ☐

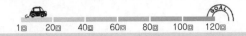

1回 20回 40回 60回 80回 100回 120回

シール

べんきょうした日
〔　　月　　日〕

じかん	とくてん
20ぷん	
ごうかく	
40てん	50てん

13 最上級レベル ①

1 つぎの かずを □に すうじで かきましょう。（1つ2てん）

(1)
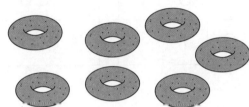

(2)

2 おおきい じゅんに ならべましょう。（1つ3てん）

(1) 9 , 4 , 7 , 8 , 1

(2) 3 , 7 , 4 , 10 , 2

(3) 2 , 1 , 10 , 0 , 4

3 □の なかに かずを かきましょう。（1つ4てん）

(1) 7は □ と 4です。

(2) □ は 4と 4です。

(3) 3と 5で □ です。

(4) □ と 4で 10です。

4 うえの だんの かずを 2この かずに わけます。あいて いる ところに かずを かきましょう。（1つ3てん）

(1)
6	
	2

(2)
8	
	5

(3)
10	
	1

5 たしざんを しましょう。（1つ2てん）

(1) 5 + 1　　　(2) 1 + 5

(3) 7 + 2　　　(4) 6 + 4

(5) 3 + 7　　　(6) 2 + 8

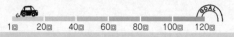

14 最上級レベル ②

1 2つの かずの ちがいを すうじで かきましょう。 (1つ2てん)

(1)
4	8

(　　　)

(2)
7	10

(　　　)

(3)
10	10

(　　　)

2 □に あう かずを かきましょう。 (□1つ2てん)

(1)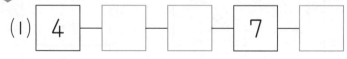
4			7	

(2)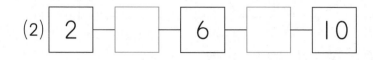
2		6		10

(3)
8		4		0

(4)
	7		3	1

3 うえの だんの かずを したの だんの 3 この かずに わけます。あいて いる ところに かずを かきましょう。 (1つ3てん)

(1)
8	
2	5

(2)
6	
2	1

(3)
10	
3	5

4 たしざんを しましょう。 (1つ2てん)

(1) 2＋6　　　　(2) 6＋2

(3) 1＋0　　　　(4) 3＋0

(5) 0＋7　　　　(6) 0＋0

5 2だいの くるまに のって りょこうに いきます。1だいめに 4にん, 2だいめに 3にん のります。ぜんぶで なんにんで りょこうに いきますか。 (5てん)

(しき)　　　　　　　　　　　(こたえ)

標準レベル 15 ひきざん (1)

1 のこりは いくつに なりますか。 （1つ4てん）

(1)

〔〕だけ たべました。

☐ こ

(2)

2ほん つみとりました。

☐ ほん

(3)

3わ とんで いきました。

☐ わ

2 ちがいは いくつですか。 （1つ4てん）

(1)

☐ ぼん

(2)

☐ ひき

3 ひきざんを しましょう。 （1つ3てん）

(1) 4 - 3 　　　　(2) 7 - 3

(3) 6 - 1 　　　　(4) 2 - 1

(5) 7 - 2 　　　　(6) 9 - 8

(7) 8 - 5 　　　　(8) 6 - 4

4 かびんに ばらの はなが 8ほん かざって あります。そのうち 3ぼん かれて しまったので すてました。のこりは なんぼんですか。 （6てん）

(しき) ☐　　　　(こたえ) ☐

15

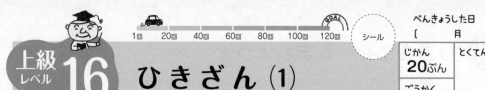
上級レベル **16** ひきざん (1)

じかん **20**ぷん
ごうかく **40**てん
とくてん ___ /50てん

1 しきと こたえを かきましょう。(1つ4てん)

(1) 8から 5を ひきました。

(しき) ＿＿＿＿＿＿＿＿　(こたえ) ＿＿＿＿

(2) きに りんごが 9こ なって います。くま が 4こ たべました。のこりは なんこです か。

(しき) ＿＿＿＿＿＿＿＿　(こたえ) ＿＿＿＿

2 〔　〕の なかの いちばん おおきい かずか ら いちばん ちいさい かずを ひくと い くつですか。(1つ2てん)

(1)〔7　4　5〕 　　(2)〔2　4　9〕

(3)〔6　5　7〕 　　(4)〔7　0　5〕

3 ひきざんを しましょう。(1つ3てん)

(1) 8−2 　　　　　(2) 4−1

(3) 7−5 　　　　　(4) 2−0

(5) 2−2 　　　　　(6) 7−7

(7) 10−4 　　　　(8) 10−3

4 あかい はたと しろい はたが あわせて 10ぽん あります。そのうち あかい はた は 6ぽんです。といに こたえましょう。(1つ5てん)

(1) しろい はたは なんぼん ありますか。

(2) あかい はたと しろい はたの かずの ち がいは なんぼんですか。

標準レベル **17**

たしざんと
ひきざん (1)

1回 20回 40回 60回 80回 100回 120回
GOAL

シール

べんきょうした日
[　　月　　　日]

じかん	とくてん
30ぷん	
ごうかく **40**てん	50てん

1 けいさんを しましょう。 (1つ2てん)

(1) 1 + 3

(2) 4 − 3

(3) 3 − 3

(4) 1 + 7

(5) 10 − 8

(6) 10 − 2

2 かきが 3こ あります。そこへ 5こ かって きました。ぜんぶで なんこに なりましたか。 (5てん)

(しき) ［　　　　　　　　］ (こたえ) ［　　　　　］

3 りんごが 4こと みかんが 7こ あります。ちがいは なんこですか。 (5てん)

(しき) ［　　　　　　　　］ (こたえ) ［　　　　　］

4 つばめが 6わ います。4わ とんで いきました。のこりは なんわですか。 (5てん)

(しき) ［　　　　　　　　］ (こたえ) ［　　　　　］

5 すいそうで かめを 8ひき かって います。いわの かげに なんびきか かくれて いて, 5ひきしか みえません。かくれて いる かめは なんびきですか。 (5てん)

(しき) ［　　　　　　　　］ (こたえ) ［　　　　　］

6 □に あう かずを かきましょう。 (1つ3てん)

(1) 3 + □ = 5

(2) 4 + □ = 9

(3) 6 − □ = 4

(4) 10 − □ = 4

(5) □ + 4 = 6

(6) □ − 2 = 5

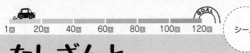
たしざんと ひきざん (1)

1 けいさんを しましょう。(1つ3てん)

(1) $5 + 3$

(2) $7 - 2$

(3) $2 + 7$

(4) $5 - 5$

(5) $1 + 9$

(6) $0 + 7$

2 りんごが 4こと みかんが 5こ あります。といに こたえましょう。(1つ4てん)

(1) あわせて なんこですか。

(2) りんごを 1こ たべました。そのあと みかんを なんこか たべると, りんごと みかんの かずが おなじに なりました。たべた みかんの かずは なんこですか。

3 あかい おりがみ 7まいと あおい おりがみ 3まいが あります。といに こたえましょう。(1つ4てん)

(1) おりがみは ぜんぶで なんまいですか。

(しき)  (こたえ)

(2) あかい おりがみは あおい おりがみより なんまい おおいですか。

(しき)  (こたえ)

(3) この おりがみで あかい つる 3わと あおい つる 1わを おりました。おりがみは ぜんぶで なんまい のこって いますか。

4 □に あう かずを かきましょう。(1つ3てん)

(1) □ + 6 = 8

(2) 4 + □ = 4

(3) 10 − □ = 5

(4) □ − 10 = 0

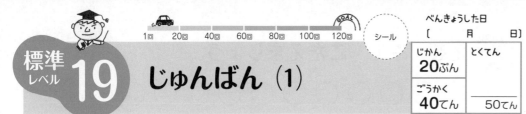

1 どうぶつが じゅんに ならんで います。といに こたえましょう。（1つ5てん）

（1）とらは まえから なんばんめですか。

（2）くまは まえから なんばんめですか。

（3）うしろから ３ばんめの どうぶつは なんですか。

（4）まえから ３ばんめの どうぶつは うしろから かぞえると なんばんめに いますか。

2 えを みて こたえましょう。（1つ5てん）

（1）ひだりから ３ばんめに いろを ぬりましょう。

（2）みぎから ６ばんめに ○の しるしを つけましょう。

（3）みぎの はしから ３つめまでに ×の しるしを つけましょう。

3 えを みて こたえましょう。（1つ5てん）

（1）ひだりから ４ばんめの かみに ○の しるしを つけましょう。

（2）みぎの はしから ５ばんめまでの かみに ×の しるしを つけましょう。

（3）しるしの ついて いない かみは なんまい ありますか。

上級レベル **20**

1回 20回 40回 60回 80回 100回 120回

シール

べんきょうした日

〔　　月　　日〕

じかん **30**ぷん	とくてん
ごうかく **40**てん	＿＿＿ /50てん

じゅんばん (1)

1 えを みて こたえましょう。（1つ5てん）

(1) ぜんぶで なんびき いますか。

(2) うえから 4ばんめには なにが いますか。

(3) さるは うえから なんばんめに いますか。

(4) ねこより したに なんびき いますか。

(5) ねずみより したで さるより うえには なんびき いますか。

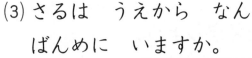

2 えを みて こたえましょう。（1つ5てん）

◯◯◯◯◯◯◯◯◯◯◯

(1) ひだりから 2ばんめと 6ばんめの たまを くろいろで ぬりましょう。

(2) みぎの はしから 4ばんめまでの たまを あおいろで ぬりましょう。

(3) しろいろの たまが 3つ ならんで いる ところに あかいろを ぬりましょう。

(4) みぎから 5ばんめの たまより ひだりに ある たまの いろで いちばん かずが おおいのは なにいろですか。

3 つぎの かずを おおきい じゅんに ならべます。4ばんめに おおきい かずは なんですか。（5てん）

〔8，2，0，5，9，4，7，1〕

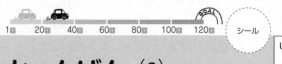

1回 20回 40回 60回 80回 100回 120回

シール

べんきょうした日
[　　月　　日]

じかん **30ぷん**
とくてん
ごうかく **40てん**　50てん

標準レベル **21** じゅんばん (2)

1 しろい たまと くろい たまが したのように ならんで います。といに こたえましょう。

○○●●●●●○○○●

(1) くろい たまの あいだに ある しろい たまは なんこですか。（5てん）

(2) ひだりから 4ばんめの たまより みぎに ある たまで くろい たまは なんこ ありますか。（7てん）

(3) いちばん ひだりに ある くろい たまと いちばん みぎに ある しろい たまの あいだに ある たまは ぜんぶで なんこですか。（7てん）

2 ひらがなを かいた かあどを ならべました。□に かずや ひらがなを かきましょう。

さ	ん	す	う	が	だ	い	す	き

(1) 「う」は ひだりから □ ばんめです。（5てん）

(2) みぎから 3ばんめの かあどの ひらがなは □ です。（5てん）

(3) ひだりから 7ばんめの かあどの ひだりどなりに ある かあどの ひらがなは □ です。（5てん）

(4) まんなかに ある かあどの ひらがなは □ です。（8てん）

(5) おなじ ひらがなが かいて ある かあどは ひだりから □ ばんめと みぎから 7ばんめに あります。（8てん）

1回 20回 40回 60回 80回 100回 120回

シール

べんきょうした日
〔　　月　　日〕

じかん 30ぷん　　とくてん

ごうかく 40てん　　50てん

上級レベル 22 じゅんばん (2)

1 しろい かみを ならべました。といに こたえましょう。（1つ5てん）

┌─┬─┬─┬─┬─┬─┬─┬─┬─┬─┬─┬─┐
│　│　│　│　│　│　│　│　│　│　│　│　│
└─┴─┴─┴─┴─┴─┴─┴─┴─┴─┴─┴─┘

(1) ひだりから 6ばんめの かみに ○の しるしを つけましょう。

(2) ひだりから 9ばんめの かみに ●の しるしを つけましょう。

(3) ●を つけた かみは みぎから なんばんめに ありますか。

(4) みぎの はしから 4ばんめまでに ×の しるしを つけましょう。

(5) ○を つけた かみより みぎに ある かみで しるしが ついて いない かみは なんまい ありますか。

2 したの えの ねこと いぬには みな なまえが ついて います。といに こたえましょう。

(1) ひだりから 5ばんめは 「ぱぴ」 です。「ぱぴ」 は ねこか いぬの どちらですか。（5てん）

(2)「さき」 は 「ぱぴ」 の 4ひき みぎに います。「さき」 は ひだりから なんばんめですか。（5てん）

(3) ねこの 「たま」 より ひだりには いぬが 2ひき います。「たま」 は ひだりから なんばんめですか。（7てん）

(4) ねこの 「みけ」 の ひだりどなりには いぬが います。みぎどなりには ねこが います。「みけ」 は ひだりから なんばんめに いますか。（8てん）

標準レベル **23**　**20までの　かず（1）**

1 いくつ ありますか。（1つ3てん）

(1) ☐ こ

(2) ☐ ほん

2 おおい ほうに ○を つけましょう。（1つ3てん）

(1)　　　　　　　(2)

（　　）（　　）　　（　　）（　　）

3 ☐に あう かずを かきましょう。（1つ4てん）

(1) 10と 6で ☐ です。

(2) 14は ☐ と 4です。

(3) 17は ☐ と 10です。

4 おおきい ほうに ○を つけましょう。（1つ3てん）

(1) 12　15　　(2) 18　16

(3) 10　20　　(4) 4　12

(5) 18　8　　(6) 11　10

5 かずを おおきい ほうから じゅんに ならべましょう。（1つ4てん）

(1)（13，20，10，17，12）

☐

(2)（18，11，10，5，20）

☐

上級レベル **24**

20までの かず（1）

じかん **20**ぷん　とくてん
ごうかく **40**てん　／50てん

1 すうじの かずだけ ○が ● に なるように ぬりましょう。（1つ3てん）

(1) 17

(2) 20

(3) 11

(4) 14

2 いちばん おおきい かずと いちばん ちいさい かずを かきましょう。（□1つ2てん）

(1)（12，18，20，15，10）

おおきい かず　　　　，ちいさい かず

(2)（17，14，8，11，0，18）

おおきい かず　　　　，ちいさい かず

3 2つの かずの ちがいを かきましょう。（1つ2てん）

(1) | 10 | 13 |
（　　　）

(2) | 17 | 15 |
（　　　）

(3) | 13 | 19 |
（　　　）

(4) | 15 | 14 |
（　　　）

(5) | 18 | 20 |
（　　　）

(6) | 19 | 11 |
（　　　）

4 つぎの かずを かきましょう。（1つ3てん）

(1) 16より 1 おおきい かず

(2) 16より 1 ちいさい かず

(3) 16より 2 おおきい かず

(4) 10より 2 おおきい かず

(5) 10より 2 ちいさい かず

(6) 14より 4 ちいさい かず

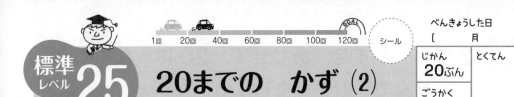

20までの　かず (2)

1 □に　あう　かずを　かきましょう。（□1つ2てん）

(1) | 12 | | 14 | 15 | | 17 |

(2) | 20 | 19 | | | 16 | |

(3) | 8 | | 10 | 11 | | 13 |

(4) | 10 | 12 | | 16 | | 20 |

(5) | | 14 | 12 | | 8 | |

2 □に　あう　かずを　かきましょう。（1つ2てん）

(1) 14 より　2　おおきい　かずは □

(2) 16 より □　おおきい　かずは　19

(3) □ より　3　おおきい　かずは　17

3 ひだりの　えの　かずと　みぎの　えの　かずを　あわせると　20に　なるように　せんで　むすびましょう。（1つ2てん）

　・　　・　

　・　　・　

　・　　・　

　・　　・　

4 うえの　かずと　したの　かずを　あわせると　18に　なるように　せんで　むすびましょう。（1つ2てん）

| 14 | 12 | 0 | 10 | 1 | 3 |

| 8 | 4 | 19 | 6 | 15 | 18 |

25

上級レベル **26**
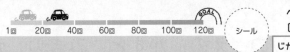
1回 20回 40回 60回 80回 100回 120回

シール

べんきょうした日
[　　月　　日]

じかん	とくてん
20ぷん	
ごうかく	
40てん	50てん

20までの　かず (2)

1 □に　あう　かずを　かきましょう。（□1つ2てん）

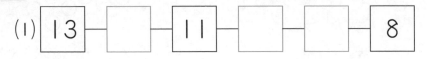

(1) | 13 | | 11 | | | 8 |

(2) | 5 | 7 | | | 13 | |

(3) | | 8 | 11 | | 17 | |

(4) | | 15 | | 9 | 6 | |

2 ひまわりの　はなが　さいて　います。きょう
は　16ぽん　さいて　います。きのうは
14ほん　さいて　いました。**なんぼん　ふえ
ましたか。**（8てん）

3 2つの　かずを　あわせて　20に　なるよう
に　せんで　むすびましょう。（1つ2てん）

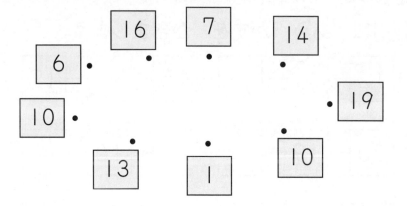

6・　16　7　14

10・

13　1　10　19

4 □に　あう　かずを　かきましょう。（1つ2てん）

(1) 17より　2　おおきい　かずは　□

(2) □より　6　おおきい　かずは　17

(3) 12より　□　おおきい　かずは　20

(4) 12より　□　ちいさい　かずは　10

(5) 10より　10　おおきい　かずは　□

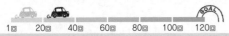

シール

じかん 20ぷん	とくてん
ごうかく 40てん	50てん

27 最上級レベル ③

1 ひきざんを しましょう。（1つ3てん）

(1) 5 − 1

(2) 3 − 2

(3) 8 − 3

(4) 9 − 3

(5) 5 − 4

(6) 3 − 3

2 ほしの えを みて こたえましょう。（1つ3てん）

☆ ☆ ☆ ☆ ☆ ☆ ☆ ☆ ☆ ☆

(1) ひだりから 3 ばんめと 10 ばんめの ほし を ○で かこみましょう。

(2) ひだりから 5 ばんめから 8 ばんめまでの ほしに くろいろを ぬりましょう。

(3) いろや しるしの ついて いない ほしは なんこ ありますか。

(4) くろいろの ほしは みぎから かぞえると なんばんめから なんばんめまでですか。

3 おおい ほうに ○を つけましょう。（1つ3てん）

(1)

(2)

( )( ) ( )( )

4 □に あう かずを かきましょう。（1つ3てん）

(1) 11 より 8 おおきい かずは □

(2) 13 より □ おおきい かずは 17

(3) □ より 5 おおきい かずは 15

5 みかんが 9こ ありました。なんこか たべると 3こ のこりました。たべたのは なんこですか。（5てん）

(しき)

(こたえ)

27

28 最上級レベル ④

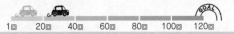

べんきょうした日	
[　　月　　日]	
じかん **20**ぷん	とくてん
ごうかく **40**てん	＿＿＿ 50てん

1 □に あう かずを かきましょう。（1つ3てん）

(1) 6 + □ = 9　　(2) 2 + □ = 10

(3) □ − 4 = 4　　(4) 8 − □ = 0

2 5この りんごと なんこかの みかんが あります。りんご 2こと みかん 3こを たべると, のこった りんごと みかんの かずは あわせて 4こに なりました。といに こたえましょう。（1つ3てん）

(1) りんごは なんこ のこって いますか。

(2) はじめに りんごと みかんは あわせて なんこ ありましたか。

(3) はじめに みかんは なんこ ありましたか。

3 2つの かずの ちがいを かきましょう。
（1つ2てん）

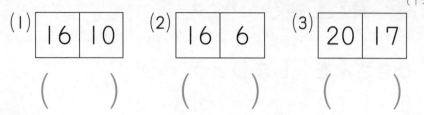

(1) | 16 | 10 |　　(2) | 16 | 6 |　　(3) | 20 | 17 |

（　　）　　（　　）　　（　　）

4 □に あう かずを かきましょう。（□1つ2てん）

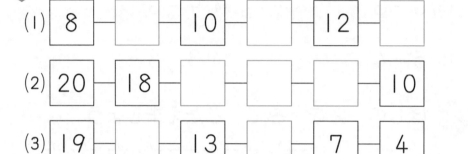

(1) 8 ― □ ― 10 ― □ ― 12 ― □

(2) 20 ― 18 ― □ ― □ ― □ ― 10

(3) 19 ― □ ― 13 ― □ ― 7 ― 4

5 つぎの かずを おおきい じゅんに ならべます。といに こたえましょう。

〔10, 11, 8, 20, 14, 4, 18, 12〕

(1) 4 ばんめに おおきい かずは なんですか。
（3てん）

(2) 2 ばんめに おおきい かずと 2 ばんめに ちいさい かずの ちがいは いくつですか。
（4てん）

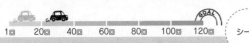
1 □に あう かずを かきましょう。（1つ2てん）

8 + 5 を けいさんします。

○○○○○○○○ ＋ ○○○○○
8　　　　　　　　　5

5 を 2つの かずに わけます。

○○○○○○○○ ＋ ○○　○○○
8　　　　　　　2　　3

8 と □ を あわせて 10

○○○○○○○○○○ ＋ ○○○
10

10 と のこりの □ を たして, こたえは

□

8 ＋ 5 ＝ □

⎓ 2 3
10

2 □に あう かずを かきましょう。（□1つ2てん）

7 ＋ 8 を けいさんします。

8 を □ と □ に わけます。

7 と □ を あわせて 10

10 に のこりの □ を た

して, こたえは □

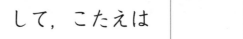
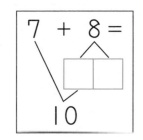

7 ＋ 8 ＝
□□
10

3 □に あう かずを かきましょう。（□1つ2てん）

(1) 8 ＋ 6 ＝ □
□□
10

(2) 7 ＋ 7 ＝ □
□□
10

(3) 5 ＋ 9 ＝ □
□□
10

(4) 9 ＋ 7 ＝ □
□□
10

(5) 7 ＋ 4 ＝ □

(6) 8 ＋ 8 ＝ □

1 8+9の けいさんを かんがえます。□に あう かずを かきましょう。（1つ2てん）

さきに 9を □ と □ に わけます。

つぎに 8と □ を たして 10に します。

さいごに 10と のこりの □ を たして, 8+9 = □

2 うえの だんの かずを 2この かずに わけます。あいて いる ところに かずを かきましょう。（□1つ1てん）

10	10	10	10	10
｜ 1	｜ 3	5 ｜	｜ 8	4 ｜

6	7	7	8	8
4 ｜	2 ｜	｜ 3	2 ｜	｜ 5

3 □に あう かずを かきましょう。（□1つ2てん）

(1) 7 + 9 = □
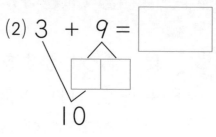
10

(2) 3 + 9 = □
10

(3) 4 + 8 = □
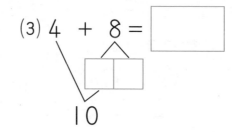
10

(4) 5 + 8 = □
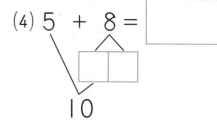
10

4 たしざんを しましょう。（1つ1てん）

(1) 8+7　　　　(2) 3+8

(3) 5+7　　　　(4) 6+9

(5) 6+7　　　　(6) 9+9

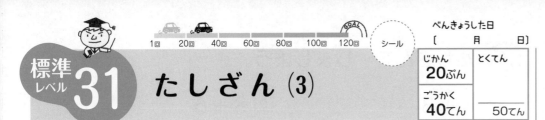
たしざん (3)

1 たしざんを しましょう。（1つ3てん）

(1) 7 + 5

(2) 9 + 3

(3) 7 + 6

(4) 6 + 8

(5) 5 + 6

(6) 9 + 5

2 あわせると いくつに なりますか。しきと こたえを かきましょう。（1つ4てん）

(1)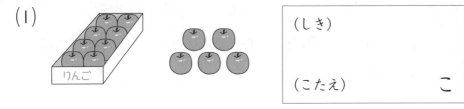

（しき）

（こたえ）　　　　こ

(2)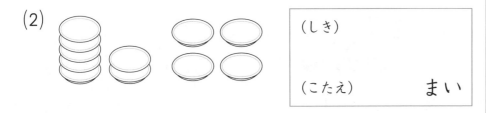

（しき）

（こたえ）　　　　まい

(3) ねこ 6 ぴき と
　　 いぬ 6 ぴき

（しき）

（こたえ）　　　　ひき

3 ふえると いくつに なりますか。（1つ5てん）

(1)

6 こ もらいました。  こ

(2)

4 にん あそびに きました。  にん

(3) ◯ ◯ ◯ ◯

9 こ かって きました。 　　　こ

4 どうぶつえんに くまが 7 とうと さいが 8 とう います。あわせると なんとうに なりますか。（5てん）

（しき）　　　　　　　　　　（こたえ）

上級レベル 32　たしざん（3）

じかん **30**ぷん　とくてん

ごうかく **40**てん ／50てん

1 たすと いくつに なりますか。□に かず を かきましょう。（1つ2てん）

(1) あかい たまが 5こと きいろい たまが

7こで [　　] こ

(2) ふでばこの えんぴつ 8ほんと ぺんたての

えんぴつ 5ほんで [　　] ぼん

(3) おとこのこ 9にんと おんなのこ 7にんで

[　　] にん

2 ひだりの かずと うえの だんの かずを たしましょう。（□1つ2てん）

(1)

	7	2	0	8	4	5
4						

(2)

	3	8	4	1	9	6
9						

3 たしざんを しましょう。（1つ2てん）

(1) 8 + 3　　　　(2) 8 + 6

(3) 4 + 7　　　　(4) 6 + 5

(5) 6 + 6　　　　(6) 7 + 7

(7) 8 + 4　　　　(8) 9 + 2

4 あなたは がっこうの せんせいに なりました。えを みて たしざんの もんだいを つくりましょう。（4てん）

りんご　　　　　みかん

りんごが [　　] と [　　] が [　　]

あります。

 なんこに なりますか。

 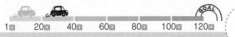 
標準レベル **33** たしざん ⑷

1 こたえが　おなじに　なる　ものを　せんで　むすびましょう。（1つ2てん）

6+5　　8+6　　7+6　　6+6　　8+8

9+5　　7+9　　4+7　　9+3　　9+4

2 □に　あう　かずを　かきましょう。（1つ2てん）

(1) 6 + □ = 11　　(2) 6 + □ = 12

(3) 8 + □ = 15　　(4) □ + 5 = 14

(5) □ + 9 = 15　　(6) □ + 8 = 16

3 たしざんを　しましょう。（1つ2てん）

(1) 11 + 3　　　　(2) 8 + 10

(3) 12 + 4　　　　(4) 14 + 3

4 たしざんを　しましょう。（1つ2てん）

(1) 7 + 3 + 5　　　(2) 6 + 4 + 8

(3) 5 + 2 + 6　　　(4) 4 + 4 + 5

(5) 3 + 2 + 9　　　(6) 5 + 7 + 2

5 ふでばこに　えんぴつ　6ぽんと　ぼうるぺん　3ぼんと　さいんぺん　4ほんが　はいって　います。ぜんぶで　なんぼんですか。（8てん）

(しき) [　　　　　　　　　　] (こたえ) [　　　　]

上級レベル 34 たしざん (4)

べんきょうした日 [　　月　　日]

じかん 30ぷん
ごうかく 40てん

とくてん
／50てん

1 こたえが　ひだりの　かずに　なるように，□に　あう　かずを　かきましょう。（□1つ1てん）

(1) 14
　① □ +5　　②8+ □ 　　③ □ +10

(2) 16
　① □ +8　　② □ +7　　③2+ □

(3) 17
　①7+ □ 　　　②12+ □

2 ひだりの　かずと　うえの　だんの　かずを
たしましょう。（□1つ1てん）

(1)
6	4	6	10	13	11	9

(2)
13	4	1	0	5	6	7

3 たしざんを　しましょう。（1つ2てん）

(1) 10 + 4　　　　(2) 16 + 3

(3) 3 + 15　　　　(4) 12 + 0

4 たしざんを　しましょう。（1つ2てん）

(1) 3 + 3 + 3　　　(2) 4 + 4 + 4

(3) 5 + 5 + 3　　　(4) 3 + 7 + 6

(5) 8 + 5 + 5　　　(6) 4 + 7 + 6

(7) 4 + 7 + 8　　　(8) 5 + 6 + 7

5 りんごが　6こ　あります。　みかんは　りんごより　3こ　おおく　あります。ぜんぶで　なんこ　ありますか。（6てん）

(しき)　　　　　　　　　　　　　　(こたえ)

標準レベル **35** ひきざん (2)

1 □に あう かずを かきましょう。（□1つ1てん）

(1) 15 − 7 を けいさんします。

15 を 10と □ に わけます。

まず 10から 7を ひいて □

これに 5を たすと こたえです。

15 − 7 → 10 − 7 + 5 = □

(2) 12 − 9 を けいさんします。

12 − 9 → 10 − 9 + □ = □

2 まえの かずを わけて ひきざんを します。
□に あう かずを かきましょう。（□1つ2てん）

(1) 13 − 6 　 10 − 6 + □ = □

(2) 15 − 9 　 10 − □ + 5 = □

(3) 14 − 9 　 10 − □ + □ = □

3 □に あう かずを かきましょう。（□1つ1てん）

(1) 16 − 9 を けいさんします。

9 を 6と □ に わけます。

まず 16から 6を ひいて □

ここから のこりの □ を ひきます。

16 − 9 → 16 − 6 − □ = □

(2) 15 − 8 を けいさんします。

15 − 8 → 15 − 5 − □ = □

4 うしろの かずを わけて ひきざんを します。□に あう かずを かきましょう。
（□1つ2てん）

(1) 13 − 9 　 13 − 3 − □ = □

(2) 12 − 9 　 12 − □ − 7 = □

(3) 14 − 5 　 14 − □ − □ = □

5 ひきざんを しましょう。（1つ5てん）

(1) 11 − 5 　　　　　(2) 17 − 8

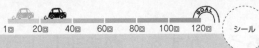

1 ひきざんを します。□に あう かずを かきましょう。(□1つ1てん)

(1) まえの かずを 2つに わけて ひきざんを します。

① 12 − 8　　10 − □ + 2 = □

② 14 − 7　　10 − □ + □ = □

③ 12 − 6　　10 − □ + □ = □

(2) うしろの かずを 2つに わけて ひきざん を します。

① 11 − 8　　11 − 1 − □ = □

② 12 − 5　　12 − □ − □ = □

③ 17 − 9　　17 − □ − □ = □

④ 14 − 8　　14 − □ − □ = □

2 ひきざんを しましょう。(1つ2てん)

(1) 11 − 3　　　　(2) 11 − 4

(3) 14 − 6　　　　(4) 13 − 7

(5) 12 − 7　　　　(6) 12 − 4

(7) 16 − 7　　　　(8) 13 − 8

(9) 18 − 9　　　　(10) 11 − 9

3 あかい ばら 15ほんと しろい ばら 8ほんが あります。あかい ばらと しろい ばらを 1ぽんずつ りぼんで くくって はなたばを つくります。といに こたえましょう。

(1) はなたばは いくつ できますか。(5てん)

(2) あかい ばらは なんぼん のこりますか。
(6てん)

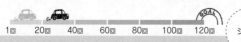
標準レベル 37 ひきざん (3)

1 うえの だんの かずから ひだりの かずを
ひきます。あいて いる ところに かずを
かきましょう。（1つ1てん）

	16	13	15	12	19	17
5	11					
10	6					

2 ☐に あう かずを かきましょう。（1つ2てん）

(1) 10 − ☐ = 6

(2) 11 − ☐ = 6

(3) 13 − ☐ = 6

(4) 12 − ☐ = 9

(5) ☐ − 8 = 5

(6) ☐ − 7 = 8

(7) ☐ − 7 = 4

(8) ☐ − 4 = 8

3 ひきざんを しましょう。（1つ3てん）

(1) 13 − 4

(2) 13 − 3

(3) 17 − 6

(4) 15 − 6

4 かなこさんは 8さいで おねえさんは 14さ
いです。ふたりは なんさい ちがいますか。
（6てん）

(しき)　　　　　　　　　　　　(こたえ)

5 おりがみが 14まい あります。9まい つ
かって つるを おりました。**おりがみは な
んまい のこって いますか。**（6てん）

(しき)　　　　　　　　　　　　(こたえ)

1回 20回 40回 60回 80回 100回 120回　シール

1 うえの　だんの　かずから　ひだりの　かずを　ひきます。あいて　いる　ところに　かずを　かきましょう。（1つ1てん）

	15	18	14	19	20	16
7					13	
10	5					

2 □に　あう　かずを　かきましょう。（1つ2てん）

(1) 14 − □ = 5

(2) 14 − □ = 7

(3) □ − 4 = 8

(4) □ − 9 = 7

(5) 15 − □ = 10

(6) □ − 10 = 8

3 ひきざんを　しましょう。（1つ3てん）

(1) 16 − 8

(2) 16 − 5

(3) 15 − 4

(4) 11 − 10

(5) 14 − 10

(6) 14 − 4

4 きに　かきのみが　16こ　なって　います。からすが　3わ　とんで　きて　かきのみを　9こ　たべて　しまいました。かきのみは　なんこ　のこって　いますか。（5てん）

(しき) [　　　　　　]　(こたえ) [　　　　]

5 えを　みて　ひきざんの　もんだいを　つくりましょう。（5てん）

とまと　りんご

とまとが [　　　] と, [　　　] が [　　　] あります。

どちらが [　　　　　　　　　] ですか。

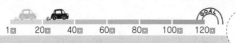
1回 20回 40回 60回 80回 100回 120回

シール

べんきょうした日
〔　　月　　日〕

じかん
30ぷん

とくてん

ごうかく
40てん

50てん

標準レベル 39 たしざんと ひきざん (2)

1 けいさんを しましょう。（1つ4てん）

(1) 1＋3＋2

(2) 6＋4＋2

(3) 10－3＋5

(4) 7－4＋8

(5) 14－4－2

(6) 7－3－2

(7) 8＋6－3

(8) 9＋9－8

2 ばすに 12にん のって います。えきまえ で 5にん おりて 8にん のりました。い ま なんにん のって いますか。（6てん）

(しき)　　　　　　　　　　(こたえ)

3 1くみで，おうちで かって いる いきもの を しらべました。いぬを かって いる ひ とは 7にんで，ねこを かって いる ひと は 4にんでした。ほかの いきものを かっ て いる ひとは 5にんでした。いきものを かって いる ひとは ぜんぶで なんにんで すか。（6てん）

(しき)　　　　　　　　　　(こたえ)

4 さゆさんは おはじきを 9こ もって いま した。おにいさんから 7こ もらい，いもう とに 6こ あげました。さゆさんの もって いる おはじきは なんこですか。（6てん）

(しき)　　　　　　　　　　(こたえ)

上級レベル 40　たしざんと ひきざん (2)

1 けいさんを しましょう。（1つ2てん）

(1) $12 - 2 - 7$

(2) $10 - 5 + 10$

(3) $7 + 11 - 7$

(4) $4 + 4 + 8$

(5) $1 + 2 + 3 + 4$

(6) $19 - 3 - 3 - 3$

(7) $10 + 4 - 8$

(8) $6 + 10 - 10$

2 □に あう かずを かきましょう。（1つ3てん）

(1) $4 + \boxed{} + 6 = 15$

(2) $9 + \boxed{} - 5 = 12$

(3) $\boxed{} - 7 + 5 = 16$

(4) $\boxed{} - 5 - 7 = 4$

3 まるや さんかくの えを みて こたえましょう。（1つ5てん）

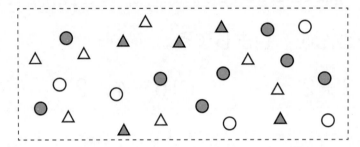

(1) ○と △を あわせると なんこですか。

(2) ●は ▲より なんこ おおいですか。

(3) しろい えの かずと あおい えの かずの ちがいは なんこですか。

（こたえ欄）

4 みかんが 5こと りんごが 7こ あります。なしの かずは りんごより 3こ すくないそうです。ぜんぶで なんこ ありますか。（7てん）

（しき）　　　　　　　（こたえ）

41 最上級レベル ⑤

じかん 30ぷん	とくてん
ごうかく 40てん	＿＿＿ 50てん

1 □に あう かずを かきましょう。 （□1つ1てん）

(1) 6 ＋ 7 = [　　]

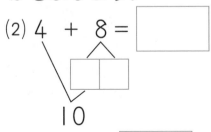

10

(2) 4 ＋ 8 = [　　]

10

(3) 2 ＋ 9 = [　　]

(4) 8 ＋ 8 = [　　]

2 ひきざんを します。□に あう かずを かきましょう。 （□1つ1てん）

(1) まえの かずを わけます。

① 15 － 7　　10 － 7 ＋ [　　] = [　　]

② 14 － 6　　10 － [　　] ＋ [　　] = [　　]

(2) うしろの かずを わけます。

① 11 － 5　　11 － [　　] － 4 = [　　]

② 12 － 9　　12 － [　　] － [　　] = [　　]

(3) 12 － 5 = [　　]

(4) 18 － 9 = [　　]

3 けいさんを しましょう。 （1つ3てん）

(1) 6 ＋ 4 ＋ 7

(2) 5 ＋ 2 ＋ 8

(3) 4 ＋ 8 ＋ 6

(4) 7 ＋ 6 ＋ 3

(5) 10 － 6 ＋ 8

(6) 15 － 7 － 5

4 おりがみを 4まい つかうと のこりが 7まいに なりました。はじめに なんまい ありましたか。 （6てん）

(しき) [　　　　　　　　　]　　(こたえ) [　　　　]

5 きんぎょすくいを しました。わたしは 5ひき すくい，あには わたしより 4ひき おおく すくいました。ぜんぶで なんびき すくいましたか。 （6てん）

(しき) [　　　　　　　　　]　　(こたえ) [　　　　]

1回 20回 40回 60回 80回 100回 120回

シール

べんきょうした日
[　　月　　日]

じかん
30ぷん

とくてん

ごうかく
40てん

50てん

42 最上級レベル ⑥

1 けいさんを　しましょう。（1つ2てん）

(1) $3 + 9$

(2) $9 + 9$

(3) $11 + 6$

(4) $18 + 0$

(5) $13 - 2$

(6) $13 - 8$

(7) $18 - 10$

(8) $16 - 6$

2 けいさんを　しましょう。（1つ2てん）

(1) $6 + 5 + 4$

(2) $8 + 8 + 3$

(3) $7 + 11 - 7$

(4) $17 - 9 + 4$

(5) $10 + 4 - 8$

(6) $6 + 10 - 10$

3 □に　あう　かずを　かきましょう。（1つ2てん）

(1) $7 + \boxed{} = 13$

(2) $14 - \boxed{} = 7$

(3) $\boxed{} - 6 = 9$

(4) $\boxed{} - 4 = 12$

(5) $6 + 8 - \boxed{} = 9$

(6) $8 + \boxed{} - 6 = 7$

(7) $\boxed{} - 4 + 8 = 12$

4 いちごが　なんこか　ありました。わたしは　3こ　たべ，あねは　わたしより　2こ　おおく　たべました。のこった　いちごは　7こです。はじめに　いちごは　なんこ　ありましたか。（8てん）

(しき)

(こたえ)

標準レベル 43　いろいろな　かたち（1）

べんきょうした日	
〔　　月　　日〕	
じかん 20ぷん	とくてん
ごうかく 40てん	／50てん

1 おなじ　かたちの　なかまを　せんで　むすびましょう。（1つ4てん）

2 かんけいが　ある　ものを　せんで　むすびましょう。（1つ4てん）

   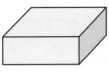

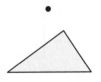

3 したの　つみきを　みて　こたえましょう。（1つ3てん）

ア　　　イ　　　ウ　　　エ　　　オ

(1) さいころの　かたちは　どれですか。

(2) つつの　かたちは　どれですか。

(3) ころがる　かたちを　2つ　えらびましょう。

(4) ▭の　かたちが　あるのは　どれですか。

(5) △の　かたちが　あるのは　どれですか。

(6) ころがらない　ように　おく　ことが　できる　かたちを　ぜんぶ　えらびましょう。

べんきょうした日		
[　　月　　　日]		
じかん **20**ぷん	とくてん	
ごうかく **40**てん		50てん

いろいろな　かたち (1)

1 つみきを　うえから　みたときの　かたちを
せんで　むすびましょう。（10てん）

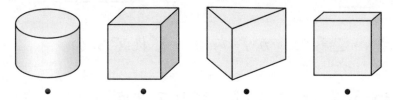

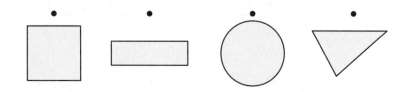

2 いろの　ついた　ところの　かたちを　かみに
うつしました。できる　かたちを　（　）から
えらんで　かきましょう。（1つ2てん）

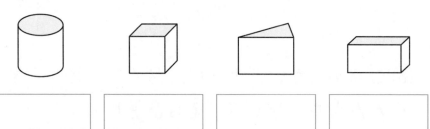

（ましかく　ながしかく　さんかく　まる）

3 かみの　うえに　つみきを　おいて　かたちを
うつしました。つみきを　おく　むきを　かえ
て　うつした　かたちも　あります。つかった
つみきの　きごう（ア，イ，ウ，エ，オ）を　か
きましょう。（1つ4てん）

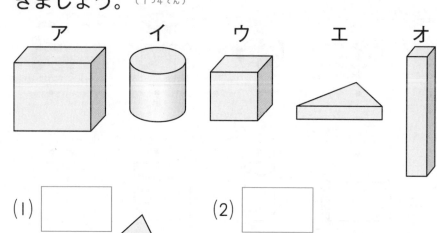

(1)　　　　　　　　　　(2)

(3)　　　　(4)　　　　(5)

(6)　　　　(7)　　　　(8)

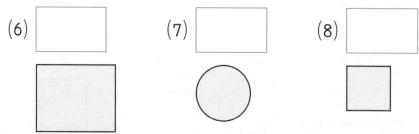

標準レベル 45 いろいろな かたち (2)

1 したの かたちを みて, それぞれの なかま
を きごうで こたえましょう。（1つ4てん）

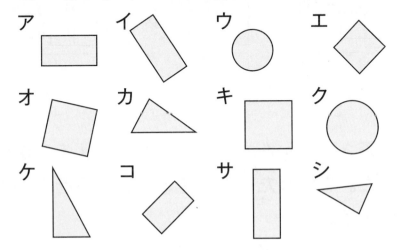

(1) まるの なかま

(2) ましかくの なかま

(3) ながしかくの なかま

(4) さんかくの なかま

2  の つみきは ぜんぶで なんこ ありま
すか。（1つ4てん）

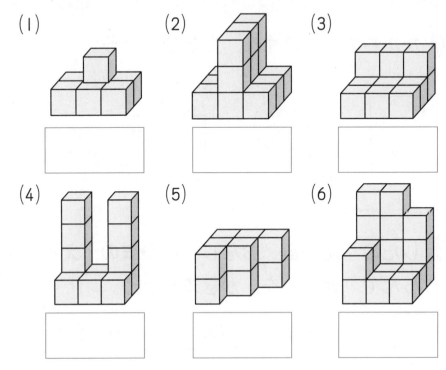

(1)

(2)

(3)

(4)

(5)

(6)

3 みぎの えには それぞれの かたちが なん
こ ありますか。（1つ5てん）

(1) はこの かたち

(2) つつの かたち

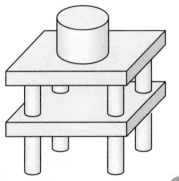

上級レベル 46 いろいろな かたち (2)

じかん 20ぷん	とくてん
ごうかく 40てん	50てん

1 かたちの なまえを かきましょう。（1つ3てん）

(1)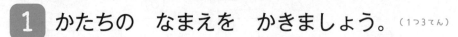

(2)

(3)

(4)

2 したの えから おなじ なかまの えを えらんで きごうを かきましょう。（1つ4てん）

(1) ◯ の なかま

(2) △ の なかま

(3) ☐ の なかま

(4) ▭ の なかま

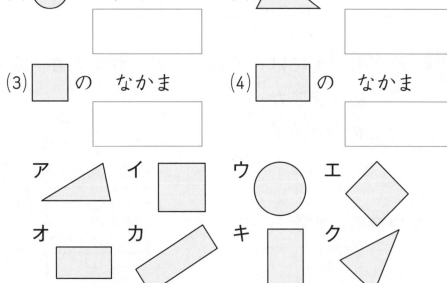

ア　　イ　　ウ　　エ
オ　　カ　　キ　　ク

3 ☐の つみきは ぜんぶで なんこ ありますか。（1つ4てん）

(1)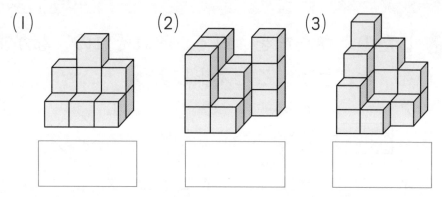

(2)

(3)

4 つみきの かたちを うつして えを かきました。つかった つみきの きごうを かきましょう。（1つ5てん）

ア　　イ　　ウ　　エ

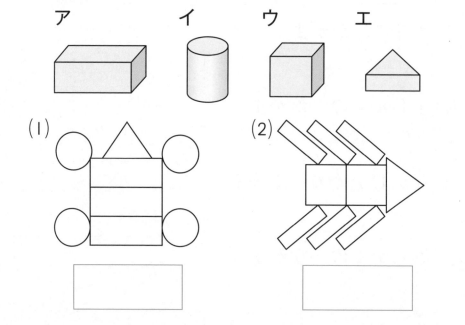

(1)

(2)

標準レベル **47**

ながさくらべ (1)

じかん **20**ぷん	とくてん
ごうかく **40**てん	___50てん

1 ながい ほうに ○を つけましょう。 (1つ5てん)

(1)

(2)

2 □ なんこぶんの ながさですか。 (1つ5てん)

(1)

(2)

(3)

(4)

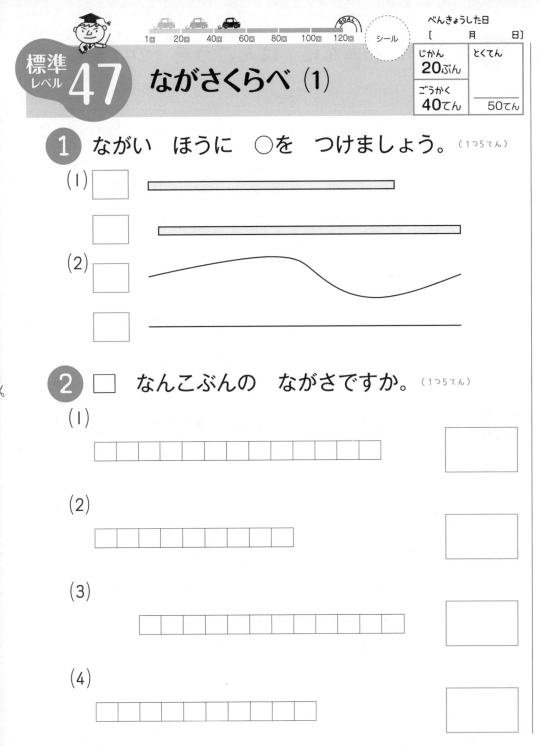

3 ながい じゅんに ばんごうを つけましょう。 (1つ5てん)

(1)

(2)

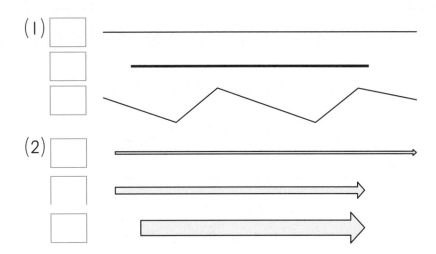

4 おなじ ながさを さがし きごうを かきましょう。 (1つ5てん)

ア

イ   ウ

エ

オ

カ   キ

ク

と

と

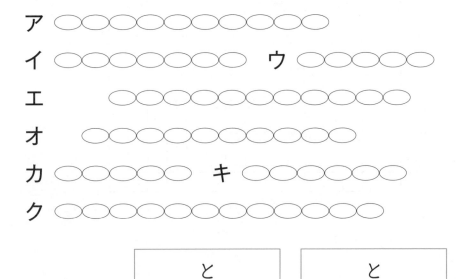

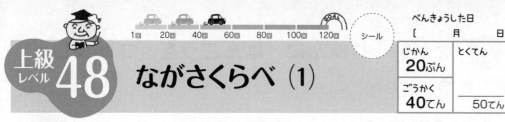
上級レベル 48 ながさくらべ（1）

1 ながい　じゅんに　ばんごうを　つけましょう。
（10てん）

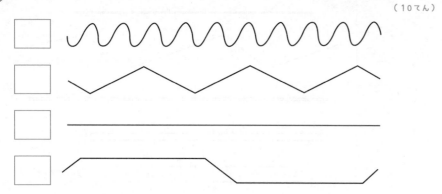

2 ▭　なんこぶんの　ながさですか。（1つ3てん）

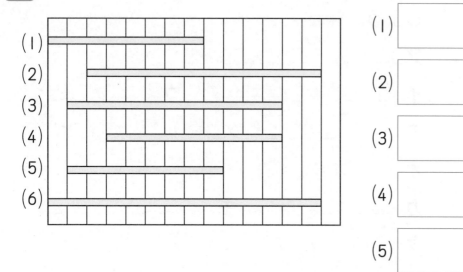

(1) ▢

(2) ▢

(3) ▢

(4) ▢

(5) ▢

(6) ▢

3 ながい　じゅんに　ばんごうを　つけましょう。（1つ5てん）

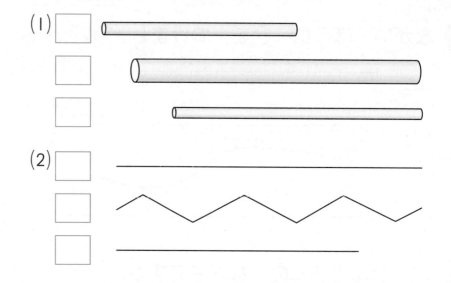

4 おなじ　ながさを　さがし　きごうを　かきましょう。（1つ6てん）

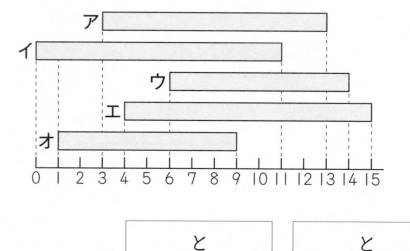

▢　と　▢　　　　　▢　と　▢

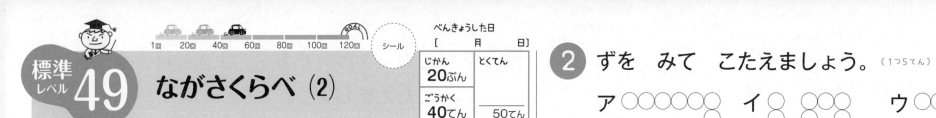
標準レベル 49 ながさくらべ (2)

1 □に あう きごうや かずを こたえましょう。（1つ5てん）

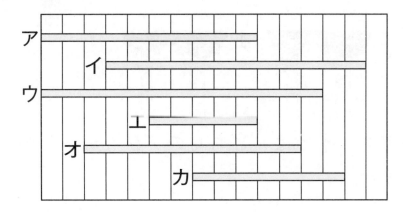

(1) [　　　と　　　] は おなじ ながさです。

(2) ウの ながさは めもり □ こぶんです。

(3) □ の ながさは めもり 7 こぶんです。

(4) アと ウの ながさの ちがいは めもり □ こぶんです。

(5) エと カを あわせた ながさは □ と おなじです。

2 ずを みて こたえましょう。（1つ5てん）

ア　イ　ウ

エ　オ　カ

(1) アの ながさは ○ なんこぶんですか。

□

(2) いちばん ながい ものは どれですか。 □

(3) おなじ ながさの ものは どれと どれですか。

[　　　と　　　]

(4) アは ウより ○ なんこぶん ながいですか。

□

(5) いちばん ながい ものと いちばん みじかい ものの ちがいは ○ なんこぶんですか。

□

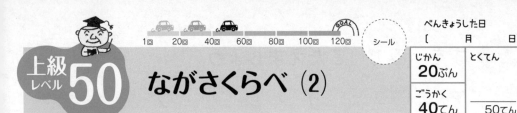

べんきょうした日
〔　　月　　日〕

じかん	とくてん
20ぷん	

ごうかく	
40てん	／50てん

上級レベル 50　ながさくらべ (2)

1 ますめに おれせんを かきました。といに こたえましょう。

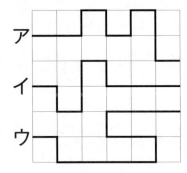
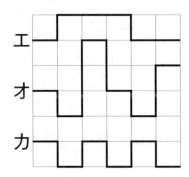

(1) いちばん ながい ものは どれですか。（6てん）

(2) おなじ ながさの ものは どれと どれですか。（6てん）
　　□ と □

(3) アと エの ながさの ちがいは ますめ いくつぶんですか。（6てん）

(4) 2ばんめに ながい ものと 2ばんめに みじかい ものの ちがいは ますめ いくつぶんですか。（7てん）

2 2ほんの きに ひもを まきつけます。といに こたえましょう。

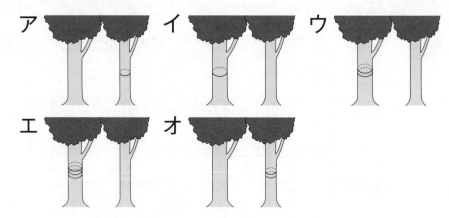

ア　　イ　　ウ
エ　　オ

(1) アと イでは どちらの ひもが ながいですか。（6てん）

(2) イと ウでは どちらの ひもが ながいですか。（6てん）

(3) ひもが いちばん ながい ものは どれですか。（6てん）

(4) 2つの ひもの ながさを くらべたとき, どちらが ながいか きめられない ものが あります。どれと どれを くらべたときですか。（7てん）
　　□ と □

標準レベル 51 ひろさくらべ

1 ひろい ほうに ○を つけましょう。（1つ5てん）

(1)
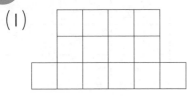
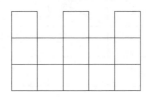

(2)
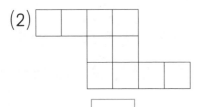
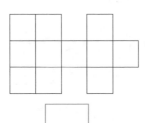

2 じんちとりを しました。どちらが ひろいですか。（1つ8てん）

(1)
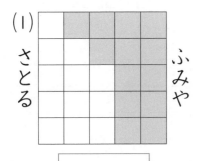

(2)
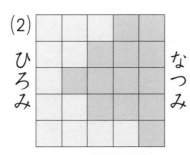

3 いろが ついて いる ところが ひろい ほうの きごうを かきましょう。（1つ8てん）

(1) ア 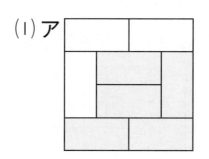　イ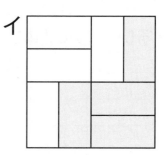

(2) ア 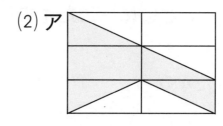　イ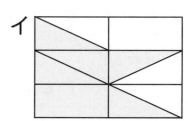

(3) ア　イ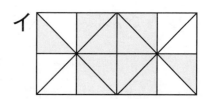

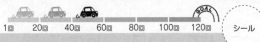

ひろさくらべ

1 ひろい じゅんに ばんごうを かきましょう。

（10てん）

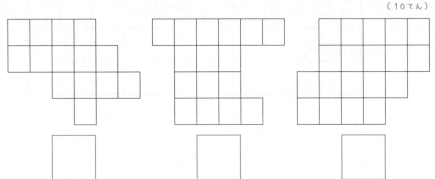

2 じんちとりを しました。といに こたえましょう。

（1つ5てん）

ゆみ　　ひとし　　たかひろ　　かな

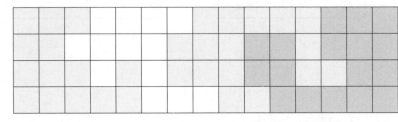

(1) ゆみさんは いくつ とりましたか。

(2) いちばん ひろい ひとと せまい ひとの ちがいは いくつですか。

3 いろの ついて いる ところは どちらが どれだけ ひろいですか。

（10てん）

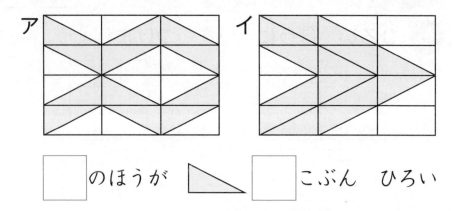

□ のほうが △ □ こぶん ひろい

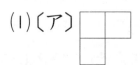

4 〔ア〕を いくつか あつめて 〔イ〕の かたちを つくりました。〔ア〕を いくつ ならべて いますか。

（1つ10てん）

(1) 〔ア〕

〔イ〕

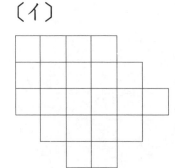

(2) 〔ア〕

〔イ〕

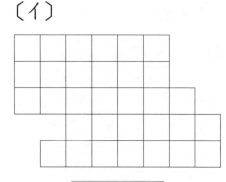

1回 20回 40回 60回 80回 100回 120回
シール

べんきょうした日
[月 日]

じかん	とくてん
15ふん	
ごうかく	
40てん	50てん

標準レベル 53 かさくらべ

1 こっぷに　なんばい　はいるか　しらべました。
きごうで　こたえましょう。（1つ10てん）

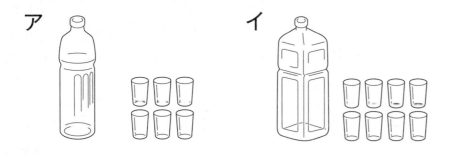

ア　イ

ウ　エ

(1) いちばん　おおきな　いれもの

(2) 2 ばんめに　おおきな　いれもの

(3) いちばん　ちいさな　いれもの

2 みずが　おおく　はいって　いる　ほうに　○
を　つけましょう。（1つ5てん）

(1)　　　　　　　　　(2)

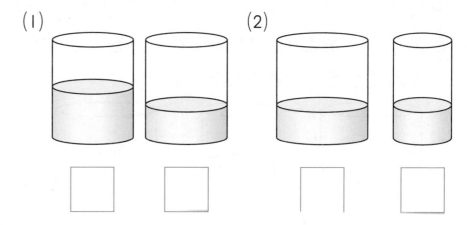

3 したの　いれものに　みずを　いっぱいまで
いれます。おおく　はいる　じゅんに　ばんご
うを　つけましょう。（10てん）

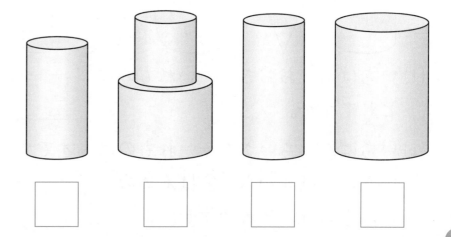

上級レベル 54 かさくらべ

1 みずが おおく はいって いる じゅんに
ばんごうを つけましょう。（8てん）

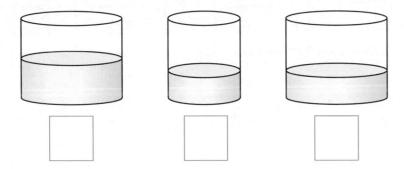

□　□　□

2 したの ずの いれものの たかさは みな
おなじです。といに こたえましょう。（1つ5てん）

ア　イ　ウ　エ　オ

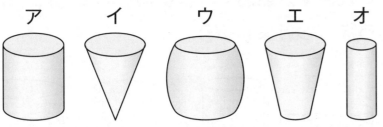

(1) いちばん おおきな いれものは
どれですか。　□

(2) いちばん ちいさな いれものは **オ**です。ち
いさい ほうから 2ばんめの
いれものは どれですか。　□

3 こっぷに なんばい はいるか しらべました。
といに あう ものを えらんで きごうを
かきましょう。（1つ8てん）

ア 2はい　　　イ 6ぱい　　　ウ 5はい

エ 8はい　　　オ 3ばい　　　カ 4はい

(1) いちばん おおきな いれもの　□

(2) アの 2つぶんと おなじ かさの いれもの
□

(3) イの はんぶんと おなじ かさの いれもの
□

(4) ウと オを あわせた ものと おなじ かさ
の いれもの　□

54

1回 20回 40回 60回 80回 100回 120回

シール

べんきょうした日
〔　　月　　日〕

じかん 20ぷん	とくてん
ごうかく 40てん	50てん

55 最上級レベル 7

1 したの つみきを みて あう ものの きごうを かきましょう。 （1つ6てん）

ア　　イ　　ウ　　エ　　オ

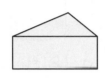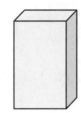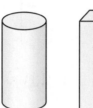

(1) さいころの かたちは どれですか。

(2) つつの かたちは どれですか。

(3) さんかくが うつしとれる かたちは どれですか。

(4) ましかくが うつしとれる かたちを 2つ えらびましょう。

(5) ぴったり かさなる ながしかくが うつしとれる かたちは どれと どれですか。

と

2 おなじ ながさを さがし きごうを かきましょう。 （1つ6てん）

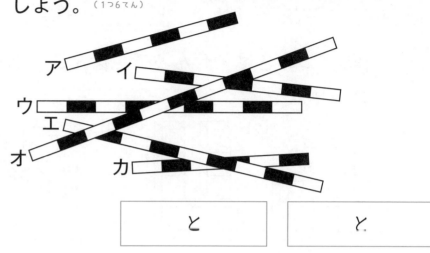

ア　イ　ウ　エ　オ　カ

□　と　□　　　□　と　□

3 いろが ついて いる ところが ひろいほうに ○を つけましょう。 （1つ4てん）

(1)

□　　　　□

(2)
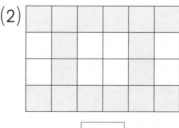　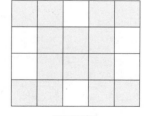

□　　　　□

1回 20回 40回 60回 80回 100回 120回

べんきょうした日
[月   日]

じかん **30**ぷん
ごうかく **35**てん

とくてん

50てん

シール

56 最上級レベル 8

1 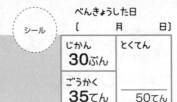 の つみきは ぜんぶで なんこ ありますか。（1つ6てん）

(1)　　　　(2)　　　　(3)

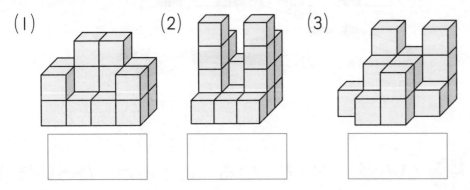

2 アから オの なかから 2つ えらんで つなぎます。◯ 15こぶんの ながさが できるのは どれと どれを えらんだときですか。（1つ4てん）

ア ◯◯◯◯
イ ◯◯◯◯◯◯◯
ウ ◯◯◯◯◯◯◯◯◯◯◯
エ ◯◯◯
オ ◯◯◯◯◯◯◯◯◯◯◯◯◯

| | と |

3 いれものに こっぷ なんばいぶんの みずが はいるか しらべました。そして イと エの ようきを みずで いっぱいに しました。といに こたえましょう。

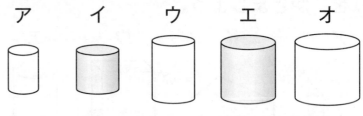

　ア　　イ　　ウ　　エ　　オ

（2はい）（4はい）（6ぱい）（8はい）（10ぱい）

(1) エに はいって いる みずは, イに はいって いる みずより こっぷ なんばいぶんだけ おおいですか。（6てん）

(2) エの みずを ウに いっぱいに なるまで うつします。エには こっぷ なんばいぶんの みずが のこりますか。（7てん）

(3) (2)の あとで オを みずで いっぱいに するには, どの ようきの みずを オに うつせば よいですか。2つ えらびましょう。（7てん）

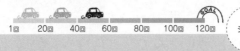

標準レベル 57 かたちづくり (1)

1 さんかくは 3つの 「へん」で かこまれた かたちです。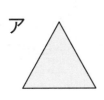のように きちんと して いる かどを 「ちょっかく」と いいます。つぎの さんかくの 中<small>なか</small>から あう ものを えらんで きごうで こたえましょう。おなじ きごうを なんど えらんでも かまいません。（1つ7てん）

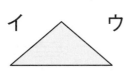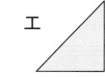

ア　イ　ウ　エ

オ　カ　キ　ク

(1) 3つの へんの ながさが
みな おなじ かたち

(2) 2つの へんだけが おなじ ながさの かたち

(3) ひとつの かどが ちょっかくに なって いる かたち

2 ぴったり かさなる かたちを せんで むすびましょう。（1つ3てん）

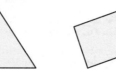

3 おなじ ながさの ぼうを つかって かたちを つくりました。ぼうを なん本<small>ぼん</small> つかって いますか。（1つ7てん）

(1)
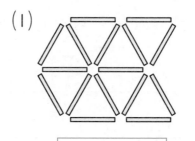

(2)
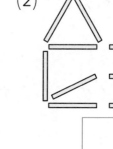

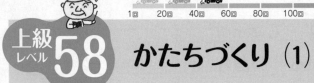

上級レベル 58 かたちづくり (1)

べんきょうした日 〔 月 日〕

じかん 20ぷん　とくてん
ごうかく 35てん　＿＿50てん

1 しかくは 4つの へんで かこまれた かたちです。つぎの しかくの 中から あう ものを えらび きごうで こたえましょう。おなじ きごうを なんど えらんでも かまいません。（1つ6てん）

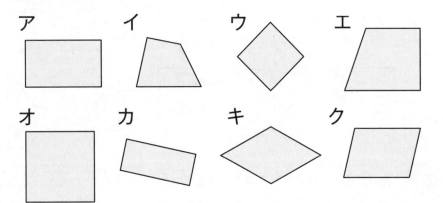

(1) ましかくの かたち

(2) 4つの へんの ながさが みな おなじ かたち

(3) ながしかくの かたち

(4) 4つの かどが みな ちょっかくに なって いる かたち

(5) かみに うつして 2つに おると きちんと かさなる かたち

2 下の ぼうを つかって できる かたちを えらんで きごうを かきましょう。（1つ5てん）

(1)　(2)　(3)　(4)

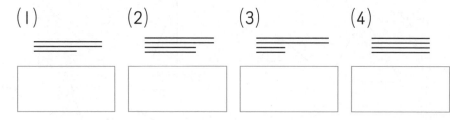

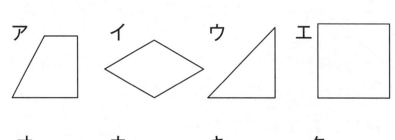

58

標準レベル 59 かたちづくり (2)

じかん 20ぷん　ごうかく 35てん　とくてん ___ /50てん

1 つぎの　かたちを　みて　こたえましょう。

ア 　イ 　ウ 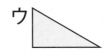　エ

① 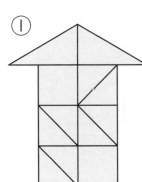　② 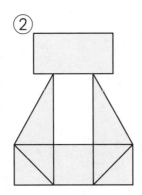　③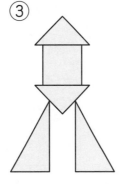

(1) ①は　ア，イ，ウ，エのうち　どれを　つかって　いますか。（4てん）

(2) ②は　ア，イ，ウ，エを　それぞれ　なんまい　つかって　いますか。（5てん）

ア	イ	ウ	エ

(3) ③は　ア，イ，ウを　それぞれ　なんまい　つかって　いますか。（5てん）

ア	イ	ウ

2  の　いたを　つかって　つぎの　かたちを　つくりました。なんまい　つかって　いますか。（1つ6てん）

(1)

(2)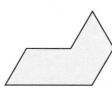

(3)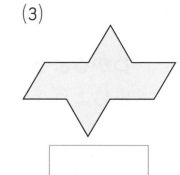

3 上の　かたちの　いたを　2まい　うごかして　下の　かたちを　つくりました。上の　かたちで　うごかした　いたに　○を　つけましょう。（1つ6てん）

(1) 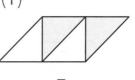 ⇓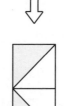

(2) 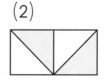 ⇓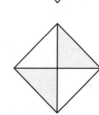

(3) 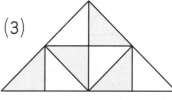 ⇓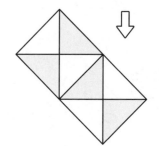

1回 20回 40回 60回 80回 100回 120回

シール

べんきょうした日
[月   日]

じかん **30**ぷん

とくてん

ごうかく **40**てん

_____ 50てん

上級レベル 60 かたちづくり (2)

1 右の いたを つかって つぎの か
たちを つくりました。ならべかたが
わかるように ずの 中に せんを かき入れ
ましょう。（1つ5てん）

（れい）

(1)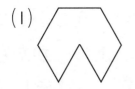

(2)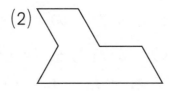

(3)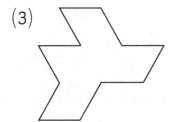

(4)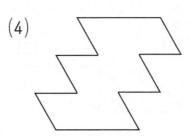

2 △の いたを つかって つぎの かたちを
つくりました。なんまい つかって いますか。
（1つ5てん）

(1)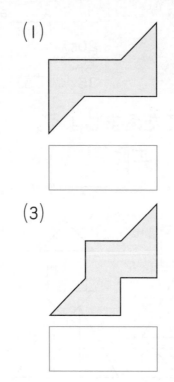

(2)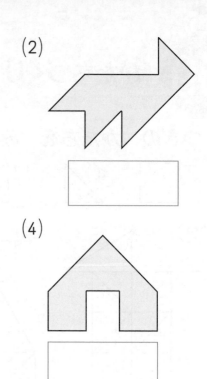

(3)

(4)

3 上の ずの ぼうを 2本 うごかして 下の
ずを つくりました。上の ずで うごかした
ぼうに ○を つけましょう。（1つ5てん）

(1)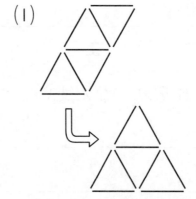

(2)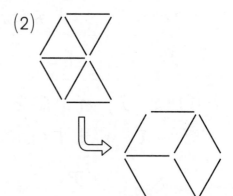

せいりの　しかた （1）

1回　20回　40回　60回　80回　100回　120回

シール

べんきょうした日
〔　　月　　　日〕

じかん **20**ぷん

ごうかく **35**てん

とくてん ／50てん

1 えと　おなじ　かずだけ　いろを　ぬりましょう。左下の　○から　上に　ぬりましょう。

（1つ10てん）

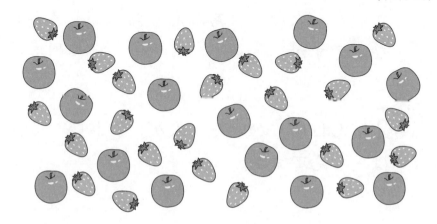

りんご	いちご

2 下の　左の　えを　見て　こたえましょう。

(1) △を　かぞえて，右がわの　グラフに　えと　おなじ　かずだけ　○の　しるしを　つけました。□と　■と　▲に　ついて，えと　おなじ　かずだけ　○の　しるしを　つけましょう。

（1つ7てん）

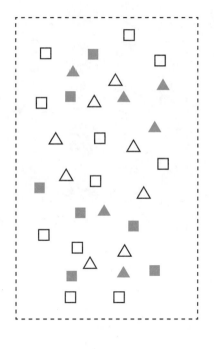

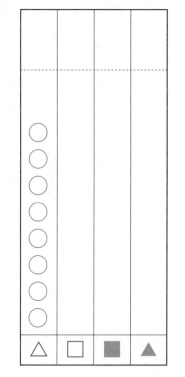

(2) かずが　いちばん　おおい　かたちは　どれですか。まるで　かこみましょう。（9てん）

（　△　　□　　■　　▲　）

上級レベル 62　せいりの　しかた（1）

1 かなえさんの　クラスで　1人　ひとつずつ　くだものの　えを　かきました。といに　こたえましょう。

（1）えと　おなじ　かずだけ　○に　いろを　ぬりましょう。（1つ3てん）

いちご	○○○○○○○○○○
りんご	○○○○○○○○○○
みかん	○○○○○○○○○○
バナナ	○○○○○○○○○○
ぶどう	○○○○○○○○○○
もも	○○○○○○○○○○
すいか	○○○○○○○○○○

（2）それぞれの　くだものを　かいた　人の　かずを　かきましょう。（7てん）

いちご	りんご	みかん	バナナ	ぶどう	もも	すいか

（3）かいた　人が　いちばん　おおい　くだものは　なんですか。（5てん）

（4）2ばん目に　かいた　人が　おおい　くだものは　なんですか。（5てん）

（5）かいた　人が　すくない　くだものを　2つかきましょう。（6てん）

（6）ほかに　きづいた　ことを　1つ　かきましょう。（6てん）

標準レベル 63　せいりの　しかた（2）

1 4人で　コインなげを　しました。20かい　なげて　おもてが　出ると　△，うらが　出ると　×で　あらわしました。といに　こたえましょう。

	1	2	3	4	5	6	7	8	9	10
ほのか	×	△	△	×	△	△	×	×	△	△
さとし	△	△	×	×	△	△	△	×	×	△
ふみや	△	△	△	△	×	△	△	△	×	×
かおる	△	×	△	×	×	△	×	×	△	△

	11	12	13	14	15	16	17	18	19	20
ほのか	△	×	×	△	×	△	×	×	△	×
さとし	×	△	△	△	△	×	△	△	×	△
ふみや	×	×	×	×	×	△	×	△	×	×
かおる	△	×	△	△	△	×	×	×	×	△

(1) 4人とも　おもてが　出たのは　なんかい目ですか。（8てん）

(2) ほのかさんが　おもてを　出した　かいすうと　おなじ　かず　だけ　○を　かきました。ほかの　3人に　ついて　おもてを　出した　かいすうと　おなじ　かず　だけ　○を　かきましょう。（1つ7てん）

ほのか	○○○○○　○○○○○　○
さとし	
ふみや	
かおる	

(3) さとしさんは　おもてを　なんかい　出しましたか。（5てん）

(4) うらが　出た　かいすうが　いちばん　おおいのは　だれですか。（8てん）

(5) おもてが　出た　かいすうが　いちばん　おおい　人と　いちばん　すくない　人では　なんかい　ちがいますか。（8てん）

上級レベル **64**

せいりの しかた (2)

じかん	とくてん
30ぷん	
ごうかく **40**てん	50てん

1 1くみで じどうの 生まれた 月を しらべて, ひょうと グラフを つくりました。といに こたえましょう。

〔ひょう〕

生まれた 月	1月	2月	3月	4月	5月	6月	7月	8月	9月	10月	11月	12月
人ずう	3	2					3	1	2	4	5	2

〔グラフ〕

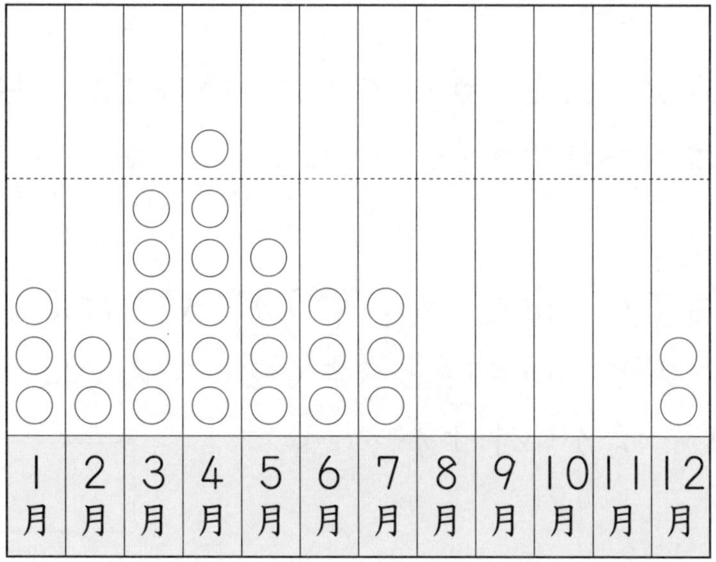

(1) 〔グラフ〕の あいて いる ところに ○を かき入れましょう。 (1つ3てん)

(2) 〔ひょう〕の あいて いる ところに すうじを かきましょう。 (1つ3てん)

(3) 生まれた 人が いちばん おおいのは なん月ですか。 (6てん)

(4) 9月に 生まれた 人は 3月に 生まれた 人より なん人 すくないですか。 (6てん)

(5) ともさんと ゆきさんは どちらも 11月生まれです。 11月に 生まれた人は ほかに なん人 いますか。 (6てん)

(6) 3月から 5月までを 「はる」と します。9月から 11月までを 「あき」と します。「はる」に 生まれた 人と 「あき」に 生まれた 人では, どちらが なん人 おおいですか。 (8てん)

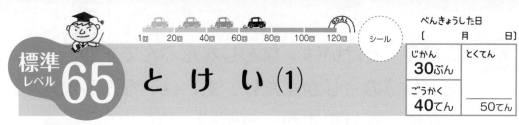

と け い (1)

1 とけいを　よみましょう。（1つ3てん）

(1)　(2)　(3)

(4)　(5)　(6)

2 正しい　ほうに　○を　つけましょう。（1つ3てん）

(1)

12 じまえ □　12 じすぎ □

(2)

10 じまえ □　10 じすぎ □

3 つぎの　とけいは　なんじなんぷんですか。また　1じかん　あとは　なんじなんぷんに　なりますか。（□1つ3てん）

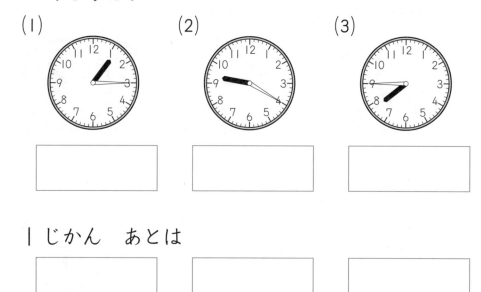

(1)　(2)　(3)

1 じかん　あとは

4 2じから　4じまでに　とけいの　ながい　はりは　なんかい　まわりますか。（8てん）

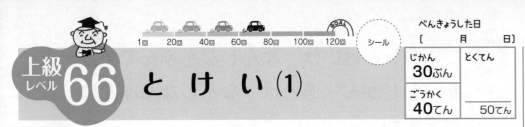

1 とけいを よみましょう。（1つ3てん）

(1) ☐ (2) ☐ (3) ☐

(4) ☐ (5) ☐ (6) ☐

2 正しい ほうに ○を つけましょう。（1つ3てん）

(1) 11じまえ ☐　　11じすぎ ☐

(2) 5じはんより まえ ☐

5じはんより あと ☐

3 つぎの とけいは なんじなんぷんですか。また（　）の じかんだけ あとは なんじなんぷんに なりますか。（☐1つ3てん）

(1) ☐ (2) ☐ (3) ☐

☐　　　　☐　　　　☐

（1 じかん）　（3 じかん）　（10 じかん）

☐　　　　☐　　　　☐

4 2じから 3じまでの あいだに とけいの ながい はりと みじかい はりが かさなる ときは いつですか。あう ものに ○を つけましょう。（8てん）

☐ 2じ10ぷんより まえ

☐ 2じ10ぷん ちょうど

☐ 2じ10ぷんより あと

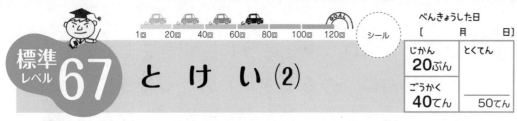
と け い (2)

1 とけいの ながい ほうの はりを かき入れましょう。 (1つ3てん)

(1) 2 じ

(2) 7 じはん

(3) 11 じ 20 ぷん

(4) 5 じ 10 ぷん

2 とけいの みじかい ほうの はりを かき入れましょう。 (1つ3てん)

(1) 10 じ

(2) 8 じはん

(3) 1 じはん

3 ゆかりさんは 2 じから 3 じまで 本を よみました。なんじかん よみましたか。 (5てん)

　　　　　　　　　

4 はりを かき入れましょう。 (1つ3てん)

(1) 11 じ

(2) 5 じはん

(3) 10 じはん

5 なんじなんぷんですか。 (1つ3てん)

(1) 3 じの 5 ふん まえ

　　　　　　　　　

(2) 12 じの 10 ぷん まえ

　　　　　　　　　

(3) 10 じの 15 ふん あと

　　　　　　　　　

(4) 7 じと 8 じの まん中

　　　　　　　　　

(5) 1 じの 5 ふん まえ

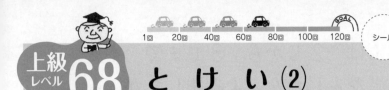

べんきょうした日
〔　　月　　日〕

じかん	とくてん
20ぷん	
ごうかく	
40てん	50てん

上級レベル **68** と け い (2)

1 はりを かき入れましょう。（1つ3てん）

(1) 3じ55ふん　(2) 7じ15ふん　(3) 10じ38ふん

(4) 4じはん　　(5) 1じ15ふん　(6) 8じ45ふん

2 はりを かき入れましょう。（1つ5てん）

(1) 9じはん　(2) 11じ45ふん　(3) 12じ20ぷん

3 ひろしさんは りょこうに いきました。しんかんせんに のるときと おりるときに とけいを みました。しんかんせんに なんじかん のって いましたか。（7てん）

のるとき　　　　おりるとき

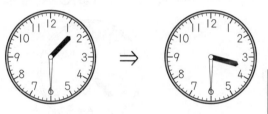

4 しのぶさんが 本を よみおわったとき とけいが ちょうど 5じでした。本を よむのに 1じかん かかりました。といに こたえましょう。（1つ5てん）

(1) よみはじめたのは なんじですか。

(2) このあと 2じかん そろばん きょうしつに いきます。おわるのは なんじですか。

1回 20回 40回 60回 80回 100回 120回
シール
べんきょうした日
[　　月　　日]
じかん 20ぷん
とくてん
ごうかく 40てん ／50てん

69 最上級レベル 9

1 下の ぼうを つかって できる かたちを えらびましょう。（1つ4てん）

(1)　　　(2)　　　(3)　　　(4)

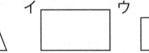

ア　イ　ウ　エ

オ　カ　キ　ク

2 はりを かき入れましょう。（1つ4てん）

(1) 7じはん　　(2) 10じ15ふん　　(3) 4じ20ぷん

3 下の えを 見て こたえましょう。

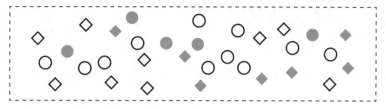

(1) ◇の かずを かぞえて, 右の グラフに えと おなじ かずだけ いろを ぬりました。
◆と ○と ●の えと おなじ かずだけ いろを ぬりましょう。（1つ4てん）

(2) かずが 2ばん目に おおい かたちに まるを つけましょう。（5てん）

(◇　◆　○　●)

(3) いちばん おおい かたちと いちばん すくない かたちの かずの ちがいは いくつですか。（5てん）

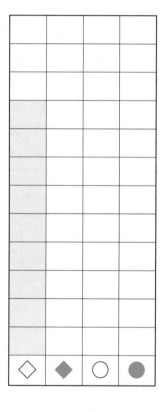

70 最上級レベル ⑩

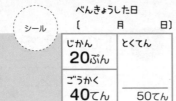

じかん 20ぷん	とくてん
ごうかく 40てん	50てん

1 右の いたを つかって かたちを つくりました。ならべかたが わかるように ずの 中に せんを かき入れましょう。また つかった いたの かずを 下の □に かきましょう。（1つ3てん）

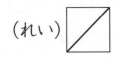

(れい)

(1)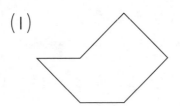

(2)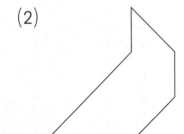

(3)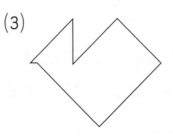

(1) □ まい (2) □ まい (3) □ まい

2 なんじなんぷんですか。（1つ5てん）

(1) 10じの 10ぷん あと

(2) 5じの 5ふん まえ

(3) 10じはんの 8ふん あと

(4) 9じと 9じはんの まん中

3 1じから 2じまで とけいの はりの うごきかたを しらべました。といに こたえましょう。（1つ6てん）

(1) ながい はりは なんかい まわりますか。

(2) みじかい はりと ながい はりが, 1本の まっすぐな せんの ように なる ときが ありました。それは いつですか。あう ものに ○を つけましょう。

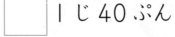 1じ40ぷんより まえ

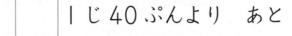 1じ40ぷん

□ 1じ40ぷんより あと

標準レベル 71

1回 20回 40回 60回 80回 100回 120回

シール

べんきょうした日
[　　月　　日]

じかん 20ぷん　とくてん
ごうかく 40てん　／50てん

大きい かず (1)

1 いくつ ありますか。 (1つ4てん)

(1) ||||| ||||| ||||| ||||| ||
　　||||| ||||| ||||| ||||| |||||

□ 本

(2) △△△ ○○○

□ こ

(3)

□ まい

(4)

□ こ

2 ( )の 中の かずで 大きい ほうに ○を つけましょう。 (1つ3てん)

(1) (57　77)　　(2) (64　44)

(3) (28　70)　　(4) (79　77)

(5) (71　80)　　(6) (88　100)

3 いくら ありますか。 (1つ3てん)

(1)

□

(2)

□

4 大きい じゅんに ならべましょう。 (1つ5てん)

(1) (64 , 74 , 49)　　□

(2) (78 , 80 , 58)　　□

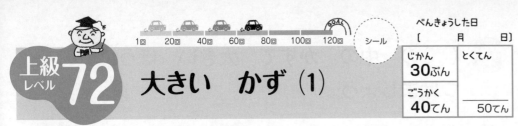

1回 20回 40回 60回 80回 100回 120回

シール

べんきょうした日

[　　月　　日]

じかん **30**ぷん

ごうかく **40**てん

とくてん

50てん

上級レベル72　大きい　かず（1）

1 いくつ　ありますか。（1つ4てん）

(1)

　本（ほん）

(2)

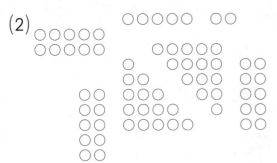

　こ

2 いちばん　大（おお）きい　かずに　○を　つけましょう。（1つ3てん）

(1)（ 29　25　20 ）

(2)（ 58　81　61　70 ）

(3)（ 88　80　90 ）

(4)（ 10　100　99　11 ）

3 いくつ　ありますか。（1つ5てん）

(1)

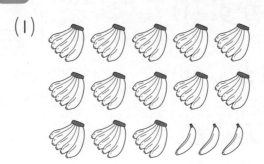

　本

(2)

　こ

4 □に　あう　かずを　かきましょう。（1つ5てん）

(1) 10 が　4 こと　1 が　6 こで　□　です。

(2) 10 が　6 こと　1 が　13 こで　□　です。

(3) 10 が　5 こと　1 が　5 こで　□　です。

(4) 10 が　□　こと　1 が　8 こで　18 です。

大きい　かず (2)

1 つぎの　かずを　かきましょう。 (1つ2てん)

(1) 58 より　10　大きい　かず ☐

(2) 37 より　3　大きい　かず ☐

(3) 74 より　4　小さい　かず ☐

(4) 48 より　10　小さい　かず ☐

(5) 100 より　10　小さい　かず ☐

(6) 100 より　50　小さい　かず ☐

2 いくらに　なりますか。 (1つ4てん)

(1) 10円玉　6こと　5円玉　1こと　1円玉　8こ ☐

(2) 10円玉　3こと　5円玉　3こと　1円玉　5こ ☐

3 ☐に　あう　かずを　かきましょう。 (☐1つ1てん)

(1) | 67 | ☐ | 69 | ☐ | ☐ | 72 |

(2) | 32 | ☐ | ☐ | 29 | 28 | ☐ |

(3) | 76 | ☐ | 80 | ☐ | 84 | ☐ |

(4) | 54 | ☐ | 50 | ☐ | ☐ | 44 |

4 2つの　かずの　ちがいを　すうじで　かきましょう。 (1つ3てん)

(1) (46, 49) ☐

(2) (68, 60) ☐

(3) (50, 80) ☐

(4) (54, 64) ☐

(5) (51, 31) ☐

(6) (77, 87) ☐

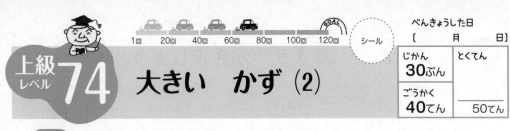

上級レベル 74　大きい　かず (2)

1 つぎの　かずを　かきましょう。（1つ3てん）

(1) 40 より　20 小さい　かず　☐

(2) 100 より　11 小さい　かず　☐

(3) 74 と　80 の　あいだで　ちょうど　まん中
の　かず　☐

(4) 44 より　22 大きい　かず　☐

2 ☐に　あう　かずを　かきましょう。（☐1つ1てん）

(1) | 25 | | | 35 | | | 50 |

(2) | | 36 | 40 | 44 | |

(3) | 17 | | 21 | | 25 | |

(4) | 87 | | | 78 | 75 |

3 ☐に　あう　かずを　かきましょう。（1つ5てん）

(1) 10円玉　5こと　5円玉　2こと　1円玉
12こで　☐ 円に　なります。

(2) 10円玉　5こと　5円玉　3こと　1円玉
☐ こで　73円に　なります。

4 つぎの　かずの　中から　☐に　あう　かずを　えらんで　かきましょう。（1つ4てん）

75　65　76　55　67　47　66　57　77　56

(1) 一のくらいの　かずが　6の　かずは
☐ と　☐ です。

(2) 十のくらいの　かずが　5の　かずは
☐ と　☐ です。

(3) 70 より　大きい　かずは
☐ と　☐ です。

(4) 64 より　小さい　かずは
☐ と　☐ と　☐ です。

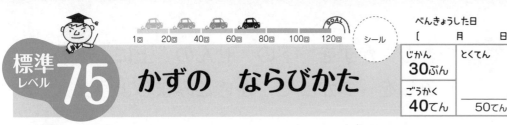

べんきょうした日 〔　　月　　日〕

| じかん **30ぷん** | とくてん |
| ごうかく **40**てん | ___50てん |

1 つぎの カードの かずは，下の せんの どこに なりますか。カードと 目もりを せんで むすびましょう。（1つ3てん）

| 4 | 6 | 0 | 12 |

0 ─── 5 ─── 10

2 つぎの かずを 下の せんの 上に，れいの ように ↓の しるしを つかって かきこみましょう。（1つ3てん）

（れい） 6 　①9 ②13 ③18 ④24

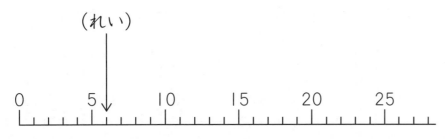

3 つぎの かずを 下の せんの 上に ↓の しるしを つかって かきこみましょう。（1つ2てん）

(1) ①17 ②37 ③44

0　　10　　20　　30　　40　　50

(2) ①10 ②25 ③55 ④90

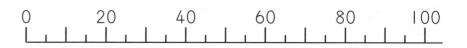

0　　20　　40　　60　　80　　100

4 □に あう かずを かきましょう。（1つ3てん）

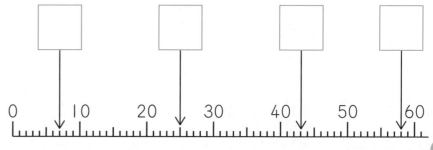

0　　10　　20　　30　　40　　50　　60

75

べんきょうした日 [　月　日]

じかん **30**ぷん　とくてん

ごうかく **40**てん　／50てん

1 つぎの カードの かずは, 下の せんの どこに なりますか。カードと 目もりを せんで むすびましょう。 (1つ3てん)

| 15 | 30 | 55 | 90 |

0　　20　　40　　60　　80　　100

2 つぎの かずを 下の せんの 上に, れいの ように ↓の しるしを つかって かきこみましょう。 (1つ2てん)

(れい) 12　①31　②19　③26　④47

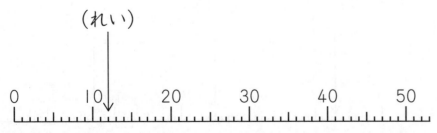

(れい)

0　10　20　30　40　50

3 つぎの かずを 下の せんの 上に ↓の しるしを つかって かきこみましょう。 (1つ2てん)

(1)①84　②92　③105　④78

70　　80　　90　　100　　110

(2)①70　②95　③115

40　　60　　80　　100　　120

4 □に あう かずを かきましょう。 (1つ2てん)

(1)

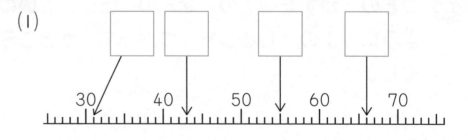

30　40　50　60　70

(2)

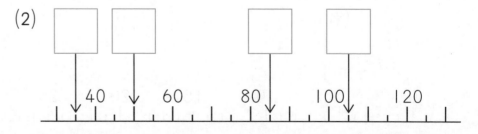

40　60　80　100　120

標準レベル **77**

1回 20回 40回 60回 80回 100回 120回 GOAL

シール

べんきょうした日
[　　月　　日]

じかん	とくてん
30ぷん	
ごうかく	
40てん	50てん

大きい かずの たしざん (1)

1 えを 見て □に 入る かずを かんがえて かきましょう。（1つ2てん）

(1) 30 + 5 =

⑩⑩⑩ + ①①①①①

(2) 4 + 40 =

①①①① + ⑩⑩⑩⑩

(3) 30 + 40 =

⑩⑩⑩ + ⑩⑩⑩⑩

2 たしざんを しましょう。（1つ2てん）

(1) 10 + 7

(2) 80 + 6

(3) 1 + 10

(4) 8 + 80

(5) 20 + 30

(6) 60 + 30

3 □に 入る かずを かきましょう。（□1つ2てん）

(1) 32 + 5 =

⑩⑩⑩
①① ＋ ①①①①①

(2) 53 + 4 を けいさんします。

53 → 50 と

　　　 ＋ 4 = 7

　　 と 7を あわせて, 53 + 4 =

(3) 83 + 5 = 　　　　(4) 5 + 62 =

4 たしざんを しましょう。（1つ3てん）

(1) 14 + 5

(2) 24 + 3

(3) 1 + 28

(4) 7 + 51

(5) 71 + 4

(6) 5 + 24

上級レベル 78　大きい かずの たしざん (1)

1 左の かずと 上の だんの かずを たしましょう。（□1つ2てん）

(1)

	6	7	0	9	20
30					

(2)

	5	3	7	1	6
72					

2 たしざんを しましょう。（1つ2てん）

(1) 40 + 5

(2) 2 + 90

(3) 44 + 4

(4) 40 + 50

(5) 70 + 10

(6) 3 + 43

(7) 3 + 41 + 2

(8) 10 + 50 + 3

3 たけしさんは ものがたりの 本を よんで います。きのうまでに 62ページ よみました。きょう 6ページ よむと ぜんぶで なんページ よみましたか。（4てん）

（しき）　　　　　　　　（こたえ）

4 ふで立てに 20本の サインペンと 8本の えんぴつが 入って います。ぜんぶで なん本に なりますか。（5てん）

（しき）　　　　　　　　（こたえ）

5 1じかんの あいだに, じょうようしゃが 31だいと トラックが 6だいと バスが 2だい とおりました。ぜんぶで なんだい とおりましたか。（5てん）

（しき）　　　　　　　　（こたえ）

標準レベル 79 大きい かずの たしざん (2)

1 □に 入(はい)る かずを かきましょう。 (□1つ1てん)

(1) 58 + 20 を けいさんします。

58 を 50 と [ ] に わけます。

50 + 20 = 70

70 と [ ] を あわせて, 58 + 20 = [ ]

(2) 40 + 26 を けいさんします。

26 を 20 と [ ] に わけます。

40 + 20 = 60

60 と [ ] を あわせて, 40 + 26 = [ ]

2 たしざんを しましょう。 (1つ2てん)

(1) 26 + 60   (2) 56 + 40

(3) 10 + 15   (4) 50 + 25

(5) 24 + 50   (6) 20 + 77

3 □に あう かずを かきましょう。 (□1つ2てん)

(1) 26 + 4 を けいさんします。

26 を [ ] と 6 に わけます。

6 + 4 = [ ]

[ ] と 10 を あわせて, 26 + 4 = 30

(2) 53 + 26 を けいさんします。

それぞれ あわせて, 53 + 26 = [ ]

4 たしざんを しましょう。 (1つ3てん)

(1) 38 + 2   (2) 46 + 4

(3) 13 + 24   (4) 76 + 32

(5) 35 + 4   (6) 6 + 84

(7) 4 + 22   (8) 25 + 31

79

大きい かずの たしざん (2)

じかん 30ぷん	とくてん
ごうかく 40てん	／50てん

1 たての かずと よこの かずを たしましょう。(1つ1てん)

	7	20	56	40	22
40					
12					
30					
23					

2 かごに みかん 42こと りんご 27こが 入っています。ぜんぶで なんこ ありますか。(4てん)

(しき)　　　　　　　　　(こたえ)

3 たしざんを しましょう。(1つ3てん)

(1) 71 + 17　　　　(2) 36 + 63

(3) 3 + 43 + 4　　　(4) 36 + 4 + 20

(5) 31 + 14 + 31 + 14

(6) 12 + 12 + 12 + 12

4 かなさんは 60円の ノートと 25円の えんぴつを かいました。ゆうさんは 50円の えのぐと 12円の たけひごと 24円の あつがみを かいました。(1つ4てん)

(1) かなさんは いくら はらいましたか。

(2) はらった おかねは どちらが いくら おおいですか。

大きい かずの ひきざん (1)

1回 20回 40回 60回 80回 100回 120回
シール
べんきょうした日 [　　月　　日]
じかん	とくてん
30ぷん	
ごうかく	
40てん	50てん

1 □に あう かずを かきましょう。(1つ2てん)

(1) 53 - 3 = □

⑩⑩⑩⑩⑩①①① − ①①① → ⑩⑩⑩⑩⑩
①①①

(2) 18 - 8 = □　　(3) 75 - □ = 70

2 まえの かずを わけて ひきざんを かんがえます。□に あう かずを かきましょう。

(□1つ1てん)

(1) 27 - 4　　20 + □ - 4 = □

(2) 58 - 6　　□ + □ - 6 = □

(3) 95 - 4　　90 + □ - □ = □

(4) 47 - 7　　□ + 7 - 7 = □

3 まえの かずを わけて ひきざんを かんがえます。□に あう かずを かきましょう。

(□1つ1てん)

(1) 54 - 20　　50 - 20 + □ = □

(2) 71 - 20　　□ - □ + 1 = □

(3) 85 - 40　　80 - □ + □ = □

(4) 66 - 60　　□ - 60 + 6 = □

4 ひきざんを しましょう。(1つ3てん)

(1) 25 - 5　　　　(2) 34 - 2

(3) 76 - 4　　　　(4) 64 - 40

(5) 42 - 20　　　(6) 86 - 6

(7) 86 - 80　　　(8) 86 - 60

上級レベル 82　大きい　かずの　ひきざん（1）

じかん **30**ぷん　とくてん
ごうかく **40**てん　｜　50てん

1 左（ひだり）の　かずから　上（うえ）の　だんの　かずを　ひきましょう。（□1つ1てん）

(1)

/	3	8	6	5	30	50
58	55					

(2)

/	6	40	4	90	7	70
97	91					

2 ひきざんを　しましょう。（1つ2てん）

(1) 84 − 4　　　　(2) 70 − 50

(3) 86 − 60　　　　(4) 75 − 70

(5) 86 − 5　　　　(6) 49 − 30

3 ひきざんを　しましょう。（1つ3てん）

(1) 107 − 5　　　　(2) 106 − 6

(3) 103 − 60　　　　(4) 117 − 7

(5) 120 − 20　　　　(6) 111 − 10

4 ひさこさんの　学校（がっこう）の　1年生（ねんせい）は　男（おとこ）の子（こ）が　80人（にん），女（おんな）の子（こ）が　86人（にん）　います。ちがいは　なん人ですか。（5てん）

（しき）　　　　　　　（こたえ）

5 どんぐりを　75こ　ひろいました。おとうとに　5こ　あげ，つぎに　あす　がっこうに　もって　いく　ぶんの　30こを　ふくろに　入（い）れました。のこった　どんぐりは　なんこですか。（5てん）

（しき）　　　　　　　（こたえ）

83 最上級レベル ⑪

1 ○は いくつ ありますか。（1つ5てん）

(1)
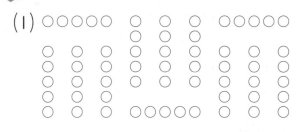

[　　　]こ

(2)
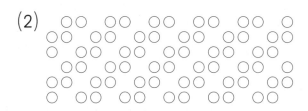

[　　　]こ

2 つぎの かずを 下の せんの 上に ↓の しるしを つかって かきこみましょう。（1つ3てん）
① 15　② 35　③ 23　④ 41

0　　10　　20　　30　　40　　50

3 けいさんを しましょう。（1つ2てん）

(1) 30＋3　　　　　(2) 57－3

(3) 10＋70　　　　(4) 44＋4

(5) 33－30　　　　(6) 12＋24

(7) 56＋13－30　　(8) 48－4

(9) 108－5　　　　(10) 58－8

4 まさきさんは 30円の えんぴつと 45円の けしゴムを かいました。ゆうとさんは がようしを かい，まさきさんより 20円 すくない おかねを はらいました。がようし は いくらですか。（8てん）

(しき) [　　　　　　　]　(こたえ) [　　　　]

1回 20回 40回 60回 80回 100回 120回

シール

べんきょうした日
[　　月　　日]

じかん **20**ぷん
ごうかく **40**てん

とくてん
　　　50てん

84 最上級レベル 12

1 □に あう かずを かきましょう。（1つ3てん）

(1) 75より 20 小さい かずは □ です。

(2) 61より □ 大きい かずは 71です。

(3) □ より 14 小さい かずは 52で す。

(4) 20と □ の まん中の かずは 25 です。

2 □に あう かずを かきましょう。（□1つ1てん）

(1) 23 — □ — 43 — □ — 63 — □

(2) □ — 76 — 73 — □ — 67 — □

(3) 7 — 11 — 15 — □ — □ — □

(4) □ — □ — 28 — □ — 24 — □

3 □に あう かずを かきましょう。（1つ3てん）

(1) 10円玉 □ こと 5円玉 2こと 1 円玉 5こで 75円です。

(2) 10円玉 6こと 5円玉 5こと 1円玉 □ こで 87円です。

4 □に あう かずを かきましょう。（1つ3てん）

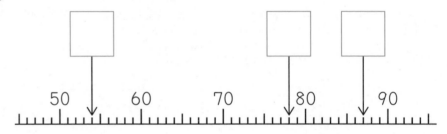

5 バスに おとな 18人と こども 14人が のって います。えきまえで おとな 7人 と こども 4人が おりて, おとな 15人 と こども 10人が のりました。いま バ スに おとなは こどもより なん人 おおく のって いますか。（10てん）

□

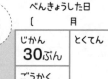

1回　20回　40回　60回　80回　100回　120回

シール

べんきょうした日
[　　月　　日]

じかん **30**ぷん	とくてん
ごうかく **40**てん	___ 50てん

大きい　かずの　ひきざん (2)

1 □に　入る　かずを　かきましょう。(□1つ2てん)

(1) 54 − 24 = [　　]

⑩⑩⑩⑩⑩　−　⑩⑩
①①①①　−　①①①①

(2) 87 − 54 の　けいさんを　かんがえます。

87 を　80 と　7 に　わけます。

54 も　50 と　[　　] に　わけます。

十のくらいの　かずは　80 − 50

一のくらいの　かずは　[　　] − [　　]

87 − 54 = [　　]

2 ひきざんを　しましょう。(1つ2てん)

(1) 54 − 32　　　　(2) 57 − 36

(3) 78 − 61　　　　(4) 47 − 22

3 ひきざんを　しましょう。(1つ2てん)

(1) 47 − 3　　　　　(2) 56 − 6

(3) 38 − 18　　　　(4) 74 − 20

(5) 44 − 40　　　　(6) 68 − 63

(7) 90 − 50　　　　(8) 75 − 21

(9) 117 − 5　　　　(10) 118 − 10

(11) 116 − 12　　　(12) 119 − 19

4 42円の　ペンを　かいました。はじめに　もって　いたのは　65円です。のこりは　なん円ですか。(8てん)

(しき) [　　　　　　　　　　]　(こたえ) [　　　　　]

大きい かずの ひきざん (2)

1 左の かずから 上の だんの かずを ひきましょう。（□1つ2てん）

(1)

	16	50	36	54	40	82
86						

(2)

	20	19	37	79	47	76
79						

2 ひきざんを しましょう。（1つ2てん）

(1) 76−60

(2) 100−40

(3) 104−40

(4) 119−13

(5) 115−15

(6) 107−5

3 左の バスには 48人 右の バスには 31人 のって います。どちらの バスに なん人 おおく のって いますか。（3てん）

(しき)

(こたえ)

4 1くみの かだんには 赤い 花が 59本と 白い 花が 30本 さいて います。2くみの かだんには 赤い 花が 44本と 白い 花が 33本 さいて います。といに こたえましょう。

(1) 1くみの かだんには 花が ぜんぶで なん本 さいて いますか。（3てん）

(2) 赤い 花は どちらの くみが なん本 おおいですか。（4てん）

(3) 花の かずは どちらの くみが なん本 おおいですか。（4てん）

1 けいさんを しましょう。（1つ2てん）

(1) 5 + 42

(2) 60 + 24

(3) 50 + 7

(4) 71 − 10

(5) 77 − 25

(6) 57 − 17

(7) 104 − 4

(8) 112 − 10

(9) 58 + 31 − 47

(10) 90 − 40 − 20

2 □に かずを かきましょう。（1つ3てん）

(1) 20 + □ = 73

(2) 90 − □ = 50

(3) □ + 16 = 49

(4) □ − 20 = 38

3 1年生 95人のうち 40人が 校ていへ あそびに いきました。きょうしつに のこって いるのは なん人ですか。（5てん）

(しき) ☐☐☐☐☐☐☐ (こたえ) ☐☐☐☐

4 赤い カードが 45まいと 白い カードが 30まいと 青い カードが 22まい あります。といに こたえましょう。

(1) 赤い カードは 白い カードより なんまい おおいですか。（4てん）

(2) 赤い カードと 青い カードを あわせると なんまいですか。（4てん）

(3) カードは ぜんぶで なんまい ありますか。（5てん）

べんきょうした日 〔　月　日〕

じかん 30ぷん	とくてん
ごうかく 40てん	50てん

上級レベル 88 大きい　かずの　けいさん

1 たての　かずと　よこの　かずを　たした　ひょうです。**あいている　ところに　入**（はい）**る　かずを　かきましょう。**（1つ3てん）

	10	5	21	
14	24	19		
40			61	54
	41	36		

2 きのうまでに　本（ほん）を　40ページ　よみました。きょうは　17ページ　よみました。ぜんぶで　88ページ　あります。**といに　こたえましょう。**（1つ5てん）

(1) きょうまでに　なんページ　よんで　いますか。

(2) のこりは　なんページですか。

3 **えを　見**（み）**て　こたえましょう。**（1つ4てん）

○○○○○○○○○○　○○○○○

▲▲▲▲▲▲▲▲▲▲　▲▲▲▲▲▲▲▲▲▲　▲▲▲▲▲▲▲▲

●●●●●●●●●●　●●●●●●●●●●　●●

△△△△△△△△△△　△△△△△△△△△△

(1) ○と　△を　あわせると　なんこですか。

(2) まるの　かたちは　ぜんぶで　なんこ　ありますか。

(3) ぜんぶで　なんこ　ありますか。

(4) まるの　かたちと　さんかくの　かたちでは　どちらが　なんこ　おおいですか。

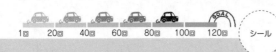
標準レベル 89　いろいろな けいさん

1 けいさんを しましょう。（1つ2てん）

(1) 7 + 3 + 4

(2) 3 + 9 + 4 + 2

(3) 18 − 4 − 7

(4) 10 + 4 − 5 − 5

(5) 9 + 3 − 4 + 7

(6) 13 − 5 + 6 − 7

(7) 2 + 2 − 2 + 2 − 2

(8) 17 − 5 − 6 − 4

2 □に あう かずを かきましょう。（1つ3てん）

(1) 7 + □ + 2 = 14

(2) 17 − 3 − □ − 2 = 8

3 □には ＋か − どちらかが 入ります。
あう ものを かきましょう。（1つ3てん）

(1) 7 □ 6 = 13

(2) 36 □ 3 = 39

(3) 64 □ 14 = 50

(4) 5 □ 5 □ 5 = 15

(5) 16 □ 3 □ 7 = 12

(6) 9 □ 4 □ 12 = 17

4 バスに 16人 のって います。えきまえで
7人 おり, つぎの こうえんまえでは 3人
おりて 5人 のりました。いま バスに なん
人 のって いますか。（10てん）

(しき)

(こたえ)

89

上級レベル 90 いろいろな けいさん

じかん **30ぷん**　とくてん
ごうかく **40てん**　／50てん

1 けいさんを しましょう。（1つ3てん）

(1) 3＋6＋8＋2

(2) 1＋2＋3＋4

(3) 18－5－5－5

(4) 23＋41＋32

(5) 36＋40－26

(6) 21＋13－3＋12

2 □には ＋か － どちらかが 入ります。
あう ものを かきましょう。（1つ3てん）

(1) 10 □ 7 □ 8 ＝9

(2) 20 □ 40 □ 50 ＝10

(3) 14 □ 5 □ 7 ＝16

(4) 34 □ 13 □ 23 ＝44

3 1年生 79人が 3つの くみに わかれて えんそくに いきました。山へ いったのは 33人で, 川へ いったのは 20人でした。のこりは こうえんへ いきました。こうえんへ いった 人の かずを 2つの ほうほうで もとめましょう。（□1つ4てん）

(1) 山へ いった 人と 川へ いった 人を たす。それを 1年生 ぜんぶから ひく。

（1つ目の しき）

（2つ目の しき）

（こたえ）

(2) 1年生 ぜんぶから 山へ いった 人と 川へ いった 人を つづけて ひく。

（1つに まとめた しき）

（こたえ）

じかん	とくてん
30ぷん	
ごうかく	
40てん	／50てん

標準レベル 91　ずを つかった もんだい (1)

1 下の ずから どんな しきが つくれますか。

　□に あう ことばを かき入れましょう。

（1つ5てん）

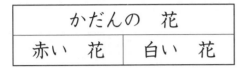

かだんの 花	
赤い 花	白い 花

(1) かだんの 花 ＝ □ ＋ □

(2) 赤い 花 ＝ □ － □

(3) 白い 花 ＝ □ － □

2 あいて いる ところに あう かずを かきましょう。（1つ5てん）

(1)
12	
7	

(2)
9	4

(3)
16	
5	3

(4)
	4
3	6

3 はじめ みかんが 15こ ありました。なんこか たべたので のこりが 9こに なりました。といに こたえましょう。（1つ5てん）

はじめの みかんの かず	
◆	のこりの みかんの かず

(1) 上の ずの ◆に 入る ことばを かんがえて かきましょう。

□

(2) ◆を もとめる しきを つくりました。□に 入る ことばを かきましょう。

◆ ＝ □ － □

(3) かずのせんの ずを かきました。下の ずの □に あう かずを かきましょう。

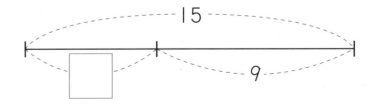

上級レベル
92

ずを つかった もんだい (1)

1 かずのせんから しきを つくります。□に あう かずを かきましょう。（1つ3てん）

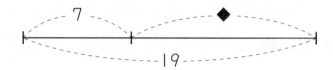

(1) □ ＋ ◆ ＝ □

(2) □ － ◆ ＝ □

(3) ◆ ＝ □ － □

2 □に 入る かずを かきましょう。（1つ5てん）

(1)　　　　　　　　　　　(2)

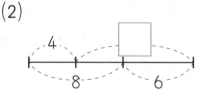

(3)

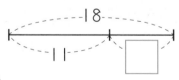

3 あいて いる ところに あう かずを かき ましょう。（1つ5てん）

(1)
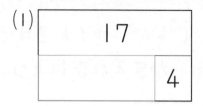

(2)
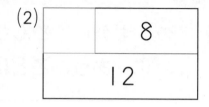

(3)
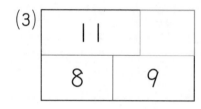

(4)
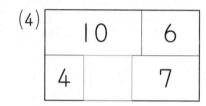

4 おはじきを 25こ もって いました。おに いさんから 5こ もらい, いもうとに なん こか あげると, のこりが 12こに なりま した。いもうとに あげた おはじきの かず を ◆ こと して, かずのせんを かきました。□に あう かずを かきましょう。（6てん）

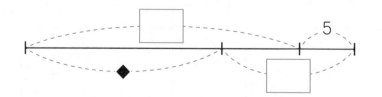

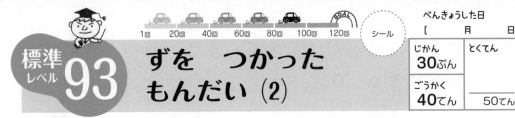
標準レベル 93 ずを つかった もんだい (2)

1 はるきさんは ミニカーを 14だい もって います。ひろさんも ミニカーを なんだいか もって いて, あわせると ぜんぶで 36だ いに なります。といに こたえましょう。

(1つ5てん)

(1) ひろさんが もって いる ミニカーを ◆ だいと します。かずのせんの □に あう かずを かきましょう。

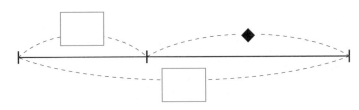

(2) ◆を もとめる しきを かきました。□に あう かずを かきましょう。

◆ = □ − □

(3) ひろさんは ミニカーを なんだい もって いますか。

□

2 □に あう かずを かきましょう。 (1つ10てん)

(1)
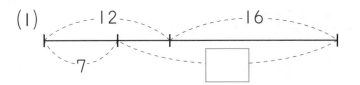

(2)
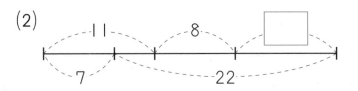

3 きのうまでに 本を 45ページ よみました。 きょうの ひるに 10ページ よみ, よるに も なんページか よむと, ぜんぶで 78ペ ージに なりました。といに こたえましょう。

(1) よるに ◆ページ よんだと します。「45」 「10」「78」の 3つの かずを つかって かずのせんを かきましょう。 (7てん)

(2) □に あう かずを かきましょう。 (8てん)

◆ = □ − □ − 10

ずを つかった もんだい (2)

1 □に あう かずを かきましょう。（1つ5てん）

(1)

(2)

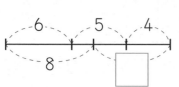

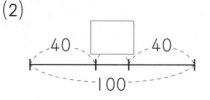

2 15この アメを 6人の 子どもに 1こずつ くばります。のこりを また 1こずつ くばります。すると なんこか あまりました。といに こたえましょう。（1つ7てん）

(1) あまった アメを ◆こ と します。かずの せんの □に あう かずを かきましょう。

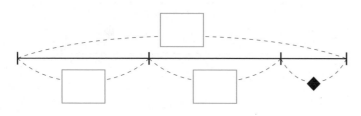

(2) あまった アメは なんこですか。

3 ともさんは おはじきを 8こ，さゆみさんは おはじきを 9こ もって います。2人の おはじきを いっしょにして，ともさんの おとうとに いくつか あげ，さゆみさんの いもうとには ともさんの おとうとより 2こ おおく あげました。すると のこりは 3こ に なりました。といに こたえましょう。

(1) ともさんの おとうとに あげた おはじき を ◆こ と します。かずのせんの □に あう かずを かきましょう。（10てん）

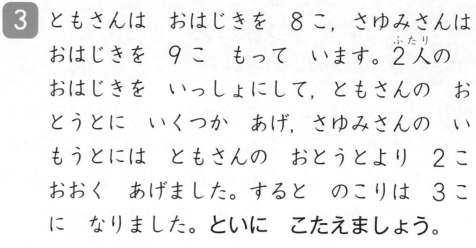

(2) ◆を つかって しきを かきましょう。（8てん）

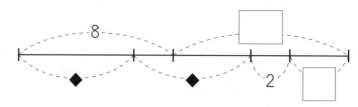

$= 8 + 9$

(3) ともさんの おとうとは おはじきを なんこ もらいましたか。（8てん）

標準レベル **95**　けいさん　とっくん

じかん 30ぷん	とくてん
ごうかく 40てん	50てん

1 たての　かずと　よこの　かずを　たしましょう。（よこ1れつ2てん）

よこ＼たて	6	8	3	7	10	5	11
5	11						
8		16					
1							
10							
3							
6							
0							
9							
2							
7							
11							
4							

2 たての　かずから　よこの　かずを　ひきましょう。（よこ1れつ2てん）

よこ＼たて	2	5	7	4	9	6
12	10					
9		4				
13						
10						
18						

3 □に　あう　かずを　かきましょう。（1つ4てん）

(1) 16 — 18 — □ — 22 — □ — 26

(2) 33 — 30 — □ — □ — □ — 18

(3) 16 — □ — 24 — 28 — □ — 36

(4) 6 — 11 — □ — □ — 26 — □

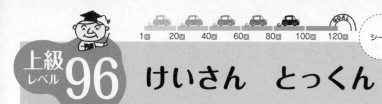

上級レベル **96** **けいさん　とっくん**

じかん 30ぷん	とくてん
ごうかく 40てん	50てん

1 たての　かずと　よこの　かずを　たしましょう。（よこ1れつ3てん）

よこ＼たて	24	5	40	43	11	32
54	78					
32						
41						
50						
13						

2 たての　かずから　よこの　かずを　ひきましょう。（よこ1れつ3てん）

よこ＼たて	8	11	7	12	9	13
18	10					
15						
13						
19						
16						

3 ます目の　かずを　かぞえましょう。（8てん）

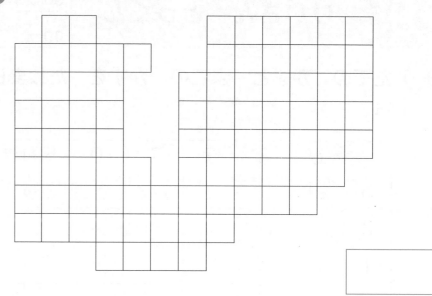

4 □に　あう　かずを　かきましょう。（1つ3てん）

(1) 12 — 18 — □ — 30 — 36 — □

(2) □ — 20 — 23 — □ — □ — 32

(3) 47 — 42 — 37 — □ — □ — □

(4) 1 — 8 — □ — 22 — □ — 36

97 最上級レベル ⑬

1 けいさんを しましょう。（1つ3てん）

(1) 63 − 33

(2) 88 − 66

(3) 94 − 91

(4) 98 − 8

(5) 55 − 12

(6) 84 − 44

2 みせで ノートを 48さつ しいれました。きのう 12さつ うれました。きょうは きのうより 3さつ おおく うれました。のこりは なんさつですか。（5てん）

3 あいて いる ところに あう かずを かきましょう。（1つ3てん）

(1)
| 18 | |
| 5 | |

(2)
| 7 | |
| 13 | 6 |

4 ゆかりさんは 赤い おりがみ 12まいと 白い おりがみ 16まいを もって います。ふみさんは 赤い おりがみ 6まいと 青い おりがみ 20まいを もって います。2人の おりがみを あわせて, いちばん かずが おおいのは どの いろの おりがみですか。

（7てん）

5 きってを 24まい もって います。なんまいか つかった あとで おにいさんから 5まい もらうと, 12まいに なりました。といに こたえましょう。

(1) つかった きってを ◆まいと します。□に 入る かずを かきましょう。（1つ4てん）

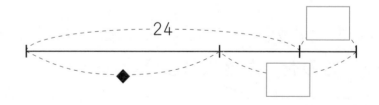

(2) つかった きっては なんまいですか。（6てん）

 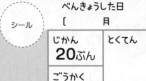
98 最上級レベル ⑭

1 □に　かずを　かきましょう。（1つ3てん）

(1) $42 + \boxed{} = 76$　(2) $25 - \boxed{} = 11$

(3) $\boxed{} + 22 = 72$　(4) $\boxed{} - 31 = 31$

2 □に　あう　かずを　かきましょう。（1つ4てん）

(1) $5 + 7 + \boxed{} = 16$

(2) $17 - 3 - \boxed{} = 8$

(3) $28 - \boxed{} + 4 = 16$

3 □には　＋か　－　どちらかが　入（はい）ります。
あう　ものを　かきましょう。（1つ4てん）

(1) $14 \boxed{} 3 \boxed{} 2 = 15$

(2) $12 \boxed{} 4 \boxed{} 7 = 15$

4 □に　あう　かずを　かきましょう。（1つ4てん）

(1)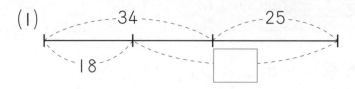

(2) □には　おなじ　かずが　入ります。

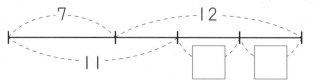

5 くりが　なんこか　あります。さよさんが　6
こ　たべ，おねえさんが　さよさんより　2こ
おおく　たべました。すると　のこりが　3こ
に　なりました。といに　こたえましょう。

(1) はじめの　くりの　かずを　◆と　します。
□に　あう　かずを　かきましょう。（5てん）

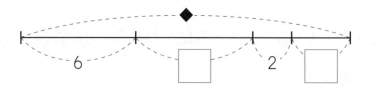

(2) はじめ　あった　くりは　なんこですか。（5てん）

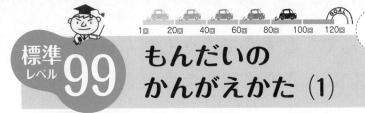

もんだいの
かんがえかた (1)

べんきょうした日
[　　月　　日]

じかん 30ぷん　　とくてん
ごうかく 40てん　　／50てん

1 てん(・)を せんで むすんでさんかくを つくります。

(れい)
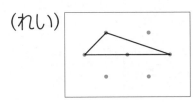
※
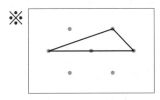

※右の えは (れい)と おなじ かたちの さんかくです。

(れい)の ほかに それぞれ かたちが ちがう さんかくを 5つ かきましょう。 (1つ6てん)

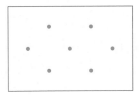

2 てんを せんで むすんで しかくを つくります。といに こたえましょう。

(1) 大きさの ちがう ましかくを 2つ かきましょう。 (1つ4てん)

(2) (1)の ほかに それぞれ かたちが ちがう しかくを 6つ かきましょう。 (1つ2てん)

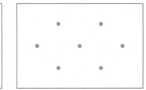

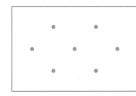

※右の かたちとは ちがう しかくを かきましょう。

上級レベル 100

もんだいの かんがえかた (1)

じかん 30ぷん	とくてん
ごうかく 40てん	／50てん

1 てん(・)を せんで むすんで しかくを つくります。といに こたえましょう。

(1) 大(おお)きさの ちがう ましかくを 3つ かきましょう。（1つ4てん）

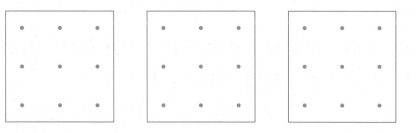

(2) ながしかくを 1つ かきましょう。（4てん）

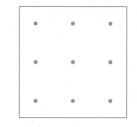

(3) (1)と (2)の ほかに それぞれ かたちが ちがう しかくを 4つかきましょう。（1つ3てん）

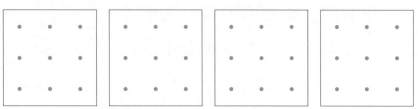

2 てんを せんで むすんで さんかくを つくります。といに こたえましょう。

(1) ひろさが いちばん 小(ちい)さい さんかくを 1つ かきましょう。（5てん）

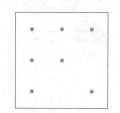

(2) ひろさが いちばん 大(おお)きい さんかくを 1つ かきましょう。（5てん）

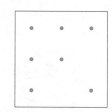

(3) (1)と (2)の ほかに それぞれ かたちが ちがう さんかくを 4つ かきましょう。（1つ3てん）

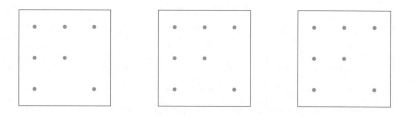

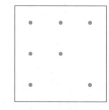

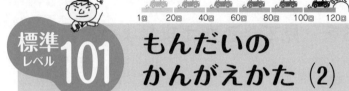

もんだいの
かんがえかた (2)

1 左の ずと おなじ かたちを, 右の ずの てん(・)を せんで むすんで かきましょう。 (1つ5てん)

2 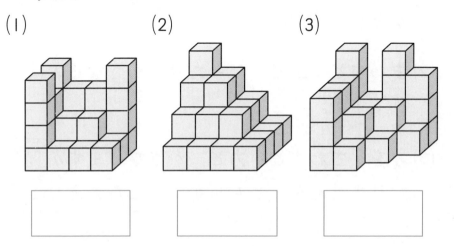 の つみきは ぜんぶで なんこ ありますか。 (1つ6てん)

(1)　　　　　(2)　　　　　(3)

3 下の かたちを 見て こたえましょう。
(1つ5てん)

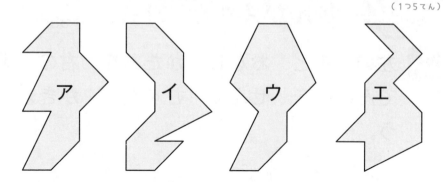

ア　イ　ウ　エ

(1) せんの かずが いちばん おおいのは どれ ですか。

(2) せんの かずが おなじ ものは どれと どれですか。

4 △ の いたを つかって つぎの かたちを つくりました。なんまい つかって いますか。 (1つ6てん)

(1)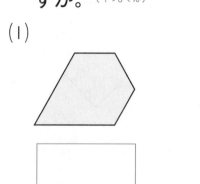

(2)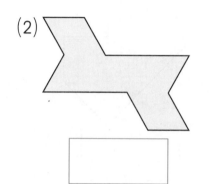

上級レベル 102

1回 20回 40回 60回 80回 100回 120回

シール

べんきょうした日
[　　月　　日]

じかん 30ぷん
ごうかく 35てん
とくてん 　　／50てん

もんだいの
かんがえかた (2)

1 左の ずと おなじ かたちを，右の ずの てん(・)を せんで むすんで かきましょう。（1つ6てん）

2 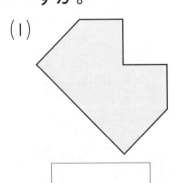 の いたを つかって つぎの かたち を つくりました。なんまい つかって いま すか。（1つ10てん）

(1)

(2)
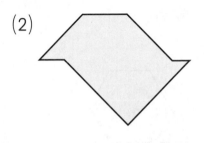

3 下の かたちを 見て こたえましょう。
（1つ6てん）

ア　イ　ウ　エ　オ　カ　キ　ク

(1) アと イと ウは おなじ かたちです。まわ すと アと ぴったり かさなるのは イ, ウ どちらですか。

(2) まわすと エと ぴったり かさなるのは ど れですか。

(3) オを まわすと カと かさなりますか かさ なりませんか。どちらかで こたえましょう。

もんだいの かんがえかた (3)

1 下の 玉の かずを くらべます。といに こたえましょう。(1つ5てん)

ア イ ウ エ
○○ ○○○ ○○ ○○○○○
　　　　　 ○○ ○○○○○

(1) アを いくつ あつめると ウと おなじに なりますか。

(2) イを いくつ あつめると エと おなじに なりますか。

(3) エを ウと おなじ かずに わけると いくつに わけられますか。

(4) エを アと おなじ かずに わけると いくつに わけられますか。

(5) アを 3つと イを 2つ あつめると どれと おなじ かずに なりますか。

2 右の みかんを わけます。といに こたえましょう。

(1) 1人に 2こずつ わけると なん人に わけられますか。(5てん)

(2) 1人に 3こずつ わけると なん人に わけられますか。(5てん)

(3) 先に おにいさんに 5こ あげます。つぎに おとうとにも おなじ かずだけ あげると いくつか のこりました。のこった みかんは なんこですか。(7てん)

3 10本の えんぴつを 1人に 2本ずつ わけると なん人に わけられますか。(8てん)

1回 20回 40回 60回 80回 100回 120回

シール

べんきょうした日
〔　　月　　日〕

じかん **30**ぷん
ごうかく **35**てん

とくてん
50てん

上級レベル104 もんだいの かんがえかた (3)

1 えのように つみきを ならべました。といに こたえましょう。（1つ6てん）

ア 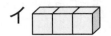　　　イ

ウ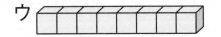

エ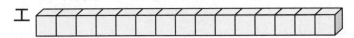

(1) アを いくつ つなぐと ウと おなじ ながさに なりますか。

(2) エを イと おなじ ながさに わけると いくつに わけられますか。

(3) アを 1つと イを 2つ つなぐと どれと おなじ ながさに なりますか。

(4) アを 3つと イを □つ つなぐと エと おなじ ながさに なります。□の かずを こたえましょう。

(5) アと イと ウを つかって エと おなじ ながさに します。ア，イ，ウ どれも かならず 1つは つなぐ ことに します。また おなじ ものを いくつ つないでも かまいません。それぞれ いくつ つなげば よいですか。

ア □　　イ □　　ウ □

2 12この りんごを かごに 4こずつ 入れると かごは いくつに なりますか。（10てん）

3 アメが 11こ あります。4人の 子どもに おなじ かずずつ できるだけ 多く わけました。アメは いくつ のこって いますか。（10てん）

1回 20回 40回 60回 80回 100回 120回

シール

べんきょうした日
〔　　月　　日〕

じかん
30ぷん

とくてん

ごうかく
40てん

50てん

標準レベル 105 もんだいの かんがえかた (4)★

★印は, 発展的な問題が入っていることを示しています。

1 赤と 白と 青の おはじきが あります。

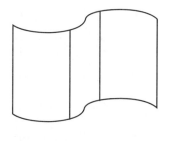

この おはじきを よこに ならべます。左が 赤, まん中が 白, 右が 青の ときの ならべかたを (赤, 白, 青)と かくことに します。といに こたえましょう。 (□1つ5てん)

(1) 左が 赤で まん中が 青の とき 右は どの いろですか。

(2) 左に 青を おきます。このときの ならべかたは 2とおり あります。□に かき入れましょう。

青,　　　,　　　　　　青,　　　,

(3) 左が 白の ときの ならべかたは なんとおり ありますか。

(4) ぜんぶで なんとおりの ならべかたが ありますか。

2 あやさん, かよさん, さつきさん 3人が じゅんばんに ならびます。といに こたえましょう。 (□1つ4てん)

(1) 1ばん目に あやさんが くるときの ならびかたを □に かきましょう。

あや,　　　,　　　　　　あや,　　　,

(2) 3ばん目に かよさんが くるときの ならびかたを □に かきましょう。

　　,　　,かよ　　　　　　,　　,かよ

(3) まん中に さつきさんが こないような ならびかたは なんとおり ありますか。

3 右の もようを 赤, 白, 青の 3つの いろで ぬりわけます。3つの いろを ぜんぶ つかうと なんとおりの もようが できますか。 (5てん)

上級レベル **106**

もんだいの
かんがえかた (4)★

1 1，2，3，4の すう字を かいた 4まい
の カードが あります。

| 1 | 2 | 3 | 4 |

この中（なか）から 2まいの カードを ひいて そ
の すう字を たします。といに こたえまし
ょう。（□1つ5てん）

(1)たした かずが 4に なりました。このとき
ひいた 2まいの カードは どれと どれで
すか。

| と |

(2)たした かずが 5に なるような ひきかた
を ぜんぶ かきましょう。

| と | | と |

(3)たした かずが いちばん 大（おお）きく なる ひ
きかたを かきましょう。

| と |

2 アメ，くり，ケーキ，クッキー，せんべいの
中から 2つ えらびます。

ただし （アメと くり）と （くりと アメ）は
おなじ えらびかた なので，1とおりと し
ます。といに こたえましょう。

(1)（アメと くり）の ほかに アメが 入（はい）る よ
うな えらびかたを かきましょう。（□1つ5てん）

| アメと | | アメと |

| アメと |

(2)もし ケーキと クッキーを えらばないよう
に すると なんとおりの えらびかたが あ
りますか。（7てん）

| |

(3)ぜんぶで なんとおりの えらびかたが あり
ますか。（8てん）

| |

1回 20回 40回 60回 80回 100回 120回 GOAL

シール

べんきょうした日
〔　月　　日〕

じかん 30ぷん
ごうかく 40てん

とくてん
50てん

標準レベル **107**

もんだいの かんがえかた (5)★

1 ゆうさんと ふみさんは さいころなげの ゲームを しました。さいころを なげて 出た 目の かずの 大きい ほうが かちで, かった 人は 3てん もらえます。おなじ 目が 出たときは 2てんずつ もらえます。まけた ときは 0てんです。10かい なげる ことに して いま 8かいめまで すみました。けっかは つぎのように なりました。

といに こたえましょう。

	1	2	3	4	5	6	7	8	9	10
ゆう	⚃	⚄	⚀	⚅	⚁	⚄	⚅	⚃		
ふみ	⚅	⚀	⚄	⚄	⚁	⚅	⚁	⚂		

〔てんすうひょう〕

	1	2	3	4	5	6	7	8	9	10
ゆう	0	3			2					
ふみ	3	0			2					

(1) けっかを もとにして 左下のような 〔てんすうひょう〕を つくりました。8かいまでの あいて いる ところに てんすうを かき入れましょう。（1かい5てん）

(2) ゆうさんの 8かいまでの てんすうは あわせて なんてんですか。（7てん）

(3) 9かい目に ゆうさんは 〔3〕の 目を ふみさんは 〔5〕の 目を 出しました。てんすうひょうの 9かいの らんに 2人の てんすうを かき入れましょう。（8てん）

(4) 10かい目に ゆうさんは 〔3〕の 目を 出し, ゆうさんの てんすうは 17てんに なりました。ふみさんが 10かい目に 出した さいころの 目は どんな かずですか。あなたの かんがえを かきましょう。（10てん）

(　　　　　　　　　)

上級レベル 108　もんだいの かんがえかた (5)★

1 ゆいさん，こうさん，るりさんの 3人が じゃんけんゲームを しました。

　1人だけ かったときは かった 人が 5てん もらえます。2人が かったときは 3てんずつ もらえます。あいこは みな 2てんずつ もらえます。10かい じゃんけんして てんすうが いちばん おおい 人が ゆうしょうです。8かいまで ひょうを つくりました。

　といにこたえましょう。

	1	2	3	4	5	6	7	8	9	10
ゆい	パー	チョキ	パー	グー	グー	チョキ	グー	チョキ		
こう	チョキ	チョキ	グー	チョキ	グー	パー	パー	グー		
るり	パー	チョキ	パー	チョキ	グー	チョキ	パー	チョキ		
ゆい	0	2	3							
こう	5	2	0							
るり	0	2	3							

(1) 下の らんの てんすうひょうの あいて いるところに 8かいまでの てんすうを かき入れましょう。（1かい5てん）

(2) 8かいまでの ゆいさんの てんすうは あわせて なんてんですか。（5てん）

(3) 9かい目に ゆいさんは 〔パー〕，こうさんは 〔グー〕，るりさんは 〔パー〕を 出しました。9かいまでの てんすうが いちばん おおい 人は だれですか。また その人の てんすうは なんてんですか。（1つ5てん）

　　　　　　　　　　てん

(4) 10かい目に こうさんは 〔チョキ〕を 出し，こうさんが ゆうしょうしました。10かいまで あわせた てんすうが いちばん すくなかったのは ゆいさんでした。10かい目に ゆいさんと るりさんは それぞれ グー，チョキ，パーのうち どれを 出しましたか。（1つ5てん）

ゆいさん □　　るりさん □

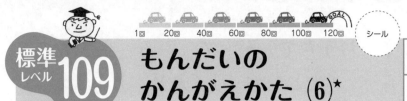

もんだいの かんがえかた (6)★

1 クラスで かん字テストと けいさんテストを しました。けっかを 下の ひょうに まとめました。

	けいさんテスト					
	0	2	4	6	8	10
かん字テスト 0		1人				
2		1人				
4	1人	3人	1人		2人	1人
6			5人	3人	4人	
8				1人	6人	
10				1人	3人	4人

たとえば ますの 中の 〔5人〕の ところは 「かん字テストが 6てんで けいさんテストが 4てんの 人が 5人 いた」ことを あらわして います。といに こたえましょう。

(1) かん字テストが 6てんで けいさんテスト が 8てんの 人は なん人 いますか。（7てん）

(2) かん字テストが 10てんだった 人は なん人 いますか。（7てん）

(3) けいさんテストが 5てんより ひくかった 人は なん人 いますか。（10てん）

(4) 2つの テストの ごうけいが 16てんだった 人は なん人 いますか。（10てん）

(5) かん字テストと けいさんテストで おなじ てんすうを とった 人は なん人 いますか。（8てん）

(6) ますの 中の 〔2人〕の ところに 入るのは どんな 人ですか。ことばで かきましょう。（8てん）

（　　　　　　　　　　　　　）

上級レベル **110**

もんだいの かんがえかた (6)★

1 クラスで 2かいの かん字テストの けっか を ひょうに まとめました。といに こたえ ましょう。（1つ8てん）

		2かい目の てんすう				
		0	2	4	6	8	10
1かい目の てんすう	0						
	2				1人		
	4		1人	1人			2人
	6				3人	3人	6人
	8			2人		4人	5人
	10			1人	4人	3人	4人

(1) 2かいとも 10てんを とった 人は なん人ですか。

(2) 1かい目が 6てんだった 人は なん人 いますか。

(3) 2かい目の てんすうが 1かい目より 上がった 人は なん人 いますか。

2 クラスで おうちで かって いる 生きもの を しらべ〔犬と ねこ〕〔犬と とり〕に ついて ひょうを つくりました。といに こたえましょう。

		ねこ	
		かって いる	かって いない
犬	かって いる	2	7
	かって いない	4	27

		とり	
		かって いる	かって いない
犬	かって いる	3	
	かって いない	1	30

(1) 犬を かっている 人は なん人ですか。（8てん）

(2) ねこを かっていて 犬は かっていない 人は なん人ですか。（8てん）

(3)〔犬と とり〕の ひょうの あいて いる ところに あう かずを かきましょう。（10てん）

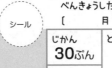
111 最上級レベル ⑮

1 さんかく △ と ましかく □ で 下の
かたちを つくりました。といに こたえまし
ょう。

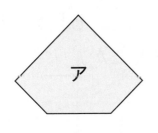
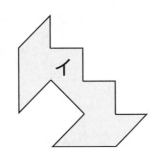
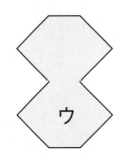

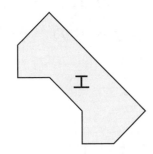
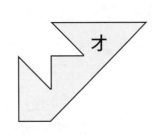
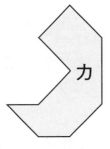

(1) アの かたちは さんかく なんこと まし
かく なんこで つくりましたか。（7てん）

さんかく ☐ ましかく ☐

(2) いちばん ひろい かたちは
どれですか。（7てん）

☐

(3) いちばん せまい かたちは
どれですか。（5てん）

☐

(4) ひろさが おなじ かたちは どれと どれで
すか。（7てん）

☐

2 くりが 16こ あります。といに こたえま
しょう。（1つ8てん）

(1) 1人に 4こずつ わけると なん人に わけ
られますか。

☐

(2) もし 1人に 3こずつ わけると なんこか
のこります。なん人に わけられて なんこ
のこりますか。

☐

(3) 1人目に 1こ，2人目に 2こ，3人目に
3こ，……と くりを 1こずつ ふやして
わけます。なん人まで わけられますか。

☐

1 犬, ねこ, さるの 3びきの どうぶつが じゅんばんに ならびます。といに こたえましょう。

(1) 1ばん目に さるが くる ならびかたを □に かきましょう。 (1つ4てん)

| さる, 　, 　 | さる, 　, 　 |

(2) 犬と ねこが となりに なるような ならびかたは ぜんぶで なんとおり ありますか。 (6てん)

2 てん(・)を せんで むすんで かたちを つくります。といに こたえましょう。 (1つ7てん)

(1) 3つの へんが みな ちがう ながさの さんかくを 1つ かきましょう。

(2) 4つの へんが みな ちがう ながさの しかくを 1つ かきましょう。

3 ひろさんと かなさんが カードを ひく ゲームを します。「1, 2, 3, 4, 5, 6」の すう字を かいた 6まいの カードを うらがえして 3まいずつ ひきます。ひいた カードの すう字を あわせた かずが 大きい ほうが かちです。といに こたえましょう。

(1) 1かい目 ひろさんが「1, 3, 6」を ひきました。どちらが かちましたか。 (7てん)

(2) 2かい目 かなさんが ひいた カードの すう字を あわせると 7に なりました。かなさんが ひいた 3まいの カードの かずを かきましょう。 (9てん)

(3) 3かい目は かなさんが かちました。かなさんが ひいた 3まいの カードの 中に「1」が ありました。のこりの 2まいの カードは どれと どれですか。2とおり かきましょう。 (1つ3てん)

113 仕上げテスト ①

じかん 20ぷん	とくてん
ごうかく 40てん	50てん

 1 けいさんを しましょう。 (1つ2てん)

(1) 23−10　　　　(2) 8+8

(3) 15+5　　　　(4) 13−9

(5) 37−4　　　　(6) 6+9

(7) 65+3−14　　(8) 109−7

 2 7ひきの ありが 1れつに ならんで あるいて います。といに こたえましょう。

(1つ5てん)

(1) まえから 4ばん目の ありより うしろには なんびき いますか。

(2) まえから 2ばん目の ありは うしろから かぞえると なんばん目 ですか。

3 つぎの とけいで （　）の じかんだけ あとは なんじなんぷんに なりますか。 (1つ4てん)

(1) 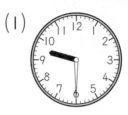　　(2) 　　(3)

（1じかん）　（2じかん）　（6じかん）

4 つぎの かずの 中_{なか}から に あう かずを えらんで かきましょう。 (1つ4てん)

53	34	56	36	55
35	50	54	43	41

(1) 40より 小_{ちい}さい かずは

□ と □ と □ です。

(2) 一_{いち}の くらいの かずが 5の かずは

□ と □ です。

(3) ちがいが 10の 2つの かずは

□ と □ です。

1回 20回 40回 60回 80回 100回 120回
シール

べんきょうした日
[　　月　　日]

じかん	とくてん
20ぷん	
ごうかく	
40てん	50てん

114 仕上げテスト ②

 1 つぎの かたちを 見て こたえましょう。

ア ☐　イ ◺　ウ △　エ ◿

① 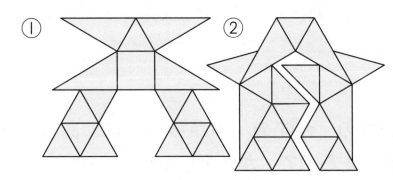 ②

(1) ①は どれを なんまい つかって いますか。
つかって いない ものには ０を かきまし
ょう。（1つ2てん）
ア ☐ まい イ ☐ まい
ウ ☐ まい エ ☐ まい

(2) 正しい ものに ○を つけましょう。（10てん）

〔　　〕 ①の ほうが ②より ひろい

〔　　〕 ②の ほうが ①より ひろい

〔　　〕 ①と ②は おなじ ひろさ

2 けいさんを しましょう。（1つ2てん）

(1) 13＋6　　　　(2) 20－5

(3) 48＋11　　　(4) 0＋35

(5) 16－9　　　(6) 21－10

3 つぎの ☐に かずを かきましょう。（1つ3てん）

(1) ☐＋7＝9　　(2) 7－☐＝3

(3) 14－☐＝6　　(4) ☐－8＝10

4 つぎの かずを 下の せんの 上に ↓の
しるしを つかって かきこみましょう。
（1つ2てん）

① 56　② 74　③ 89　④ 65

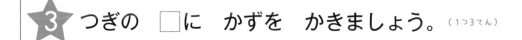
50　60　70　80　90

115 仕上げテスト ③

じかん **20**ぷん
とくてん
ごうかく **40**てん
50てん

1 けいさんを しましょう。（1つ2てん）

(1) 13 − 8

(2) 59 − 37

(3) 40 + 32

(4) 77 − 70

(5) 20 + 20 + 20

(6) 11 + 11 + 11

2 つぎの □に かずを かきましょう。（1つ3てん）

(1) 18 + □ = 28

(2) □ − 11 = 88

(3) 35 + □ = 35

(4) □ − 13 = 13

3 どんぐりを いもうとに 8こ おとうとに 6こ あげると のこりが 5こに なりました。はじめ なんこ ありましたか。（6てん）

4 つみきを かみの 上に おきます。このとき かみに うつしとった かたちを （ ）から えらんで かきましょう。（1つ2てん）

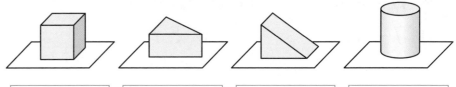

（ましかく ながしかく さんかく まる）

5 □に あう きごうや かずを かきましょう。（1つ4てん）

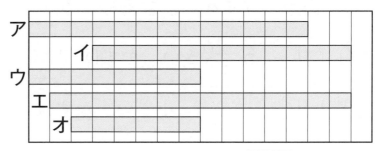

ア
イ
ウ
エ
オ

(1) アの ながさは 目もり □ こです。

(2) イは □の 2つぶんの ながさです。

(3) ウと エの ながさの ちがいは 目もり □ こです。

116 仕上げテスト ④

じかん 20ぷん	とくてん
ごうかく 40てん	50てん

1 けいさんを　しましょう。（1つ2てん）

(1) 7 + 70

(2) 57 − 34

(3) 98 − 50

(4) 34 + 65

(5) 10 + 5 + 5

(6) 28 − 10 − 10

2 □に　あう　かずを　かきましょう。（1つ3てん）

(1) 100 より　15　大きい　かずは　□

(2) 101 より　□　小さい　かずは　99

3 玉を　よこに　なんこか　ならべました。左から　3ばん目の　玉は　右から　かぞえると　5ばん目に　あります。ならべた　玉は　なんこですか。（9てん）

□

4 ひろとさんは　32円の　がようしと　55円の　えのぐを　かいました。しのぶさんは　45円の　テープと　30円の　のりと　23円の　わごむを　かいました。といに　こたえましょう。（1つ5てん）

(1) ひろとさんは　いくら　はらいましたか。

□

(2) しのぶさんは　おみせの　人に　100円玉を　出して　おつりを　もらいました。おつりは　なん円でしたか。

□

(3) はらった　お金は　どちらが　なん円　おおいですか。

□

5 あいて　いる　ところに　あう　かずを　かきましょう。（1つ4てん）

(1)

50	30
20	

(2)

8	9
4	6

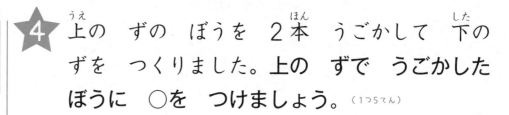
1回 20回 40回 60回 80回 100回 120回

シール

べんきょうした日
〔　　月　　日〕

じかん **20**ぷん　とくてん
ごうかく **40**てん　＿＿＿ 50てん

117 仕上げテスト ⑤

1 けいさんを しましょう。（1つ4てん）

(1) 75 − 31 − 23　　(2) 38 − 18 + 48

(3) 71 + 7 − 13　　(4) 19 − 8 + 24

2 ながい じゅんに ばんごうを つけましょう。（4てん）

3 はりを かき入れましょう。（1つ4てん）

(1) 6 じ　　(2) 3 じはん　　(3) 5 じ 45 ふん

4 上の ずの ぼうを 2本 うごかして 下の ずを つくりました。上の ずで うごかした ぼうに ○を つけましょう。（1つ5てん）

(1) 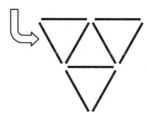　　(2)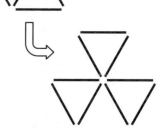

5 20この どんぐりを 6ぴきの りすに くばります。といに こたえましょう。（1つ4てん）

(1) どんぐりを 2こずつ くばりました。のこった どんぐりは なんこですか。

(2) のこりを また 1こずつ くばります。さいごに のこった どんぐりは なんこですか。

118 仕上げテスト ❻

じかん 20ぷん	とくてん
ごうかく 40てん	／50てん

⭐1 けいさんを しましょう。(1つ3てん)

(1) 8 + 2 − 6 + 9

(2) 14 − 3 − 3 − 7

(3) 64 + 31 − 53

(4) 1 + 2 + 3 + 4 + 5

(5) 11 + 22 + 33

(6) 118 − 4 − 4

⭐2 つみきの かたちを うつして えを かきました。つかった つみきの きごうを かきましょう。(1つ5てん)

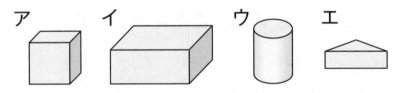
ア　イ　ウ　エ

(1)
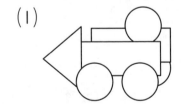

(2)
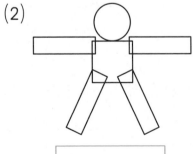

⭐3 くふうして かぞえましょう。(10てん)

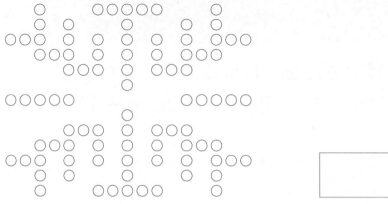

⭐4 3 4 5 6 の 4まいの カードが あります。この中(なか)から 2まい ひき その すう字(じ)を たします。といに こたえましょう。

(1) たした かずが 8に なりました。ひいた カードは どれと どれですか。(2てん)

(2) たした かずが 9に なるような ひきかたを かきましょう。(1つ2てん)

　　　と　　　　　と

(3) (1)と (2)の ほかの ひきかたを 3とおり かきましょう。(1つ2てん)

　　　と　　　　　と　　　　　と

1回 20回 40回 60回 80回 100回 120回

シール

べんきょうした日
〔　　月　　日〕

じかん 30ぷん
とくてん

ごうかく 40てん　　／50てん

119 仕上げテスト ⑦

 1 けいさんを　しましょう。（1つ3てん）

(1) 24 + 42　　　　(2) 17 + 81

(3) 56 − 26 − 30　　(4) 18 − 15 + 15

(5) 116 − 10　　　　(6) 104 − 44

 2 としょかんに　9じはんに　つきました。本を　2じかん　よむと　なんじに　なりますか。（5てん）

 3 くみこさんは　りぼんを　14本　もって　います。すみれさんは　くみこさんより　5本　おおく　もって　いて、さつきさんは　すみれさんより　7本　すくなく　もって　います。さつきさんの　もって　いる　りぼんは　なん本ですか。（5てん）

 **4** □に　あう　かずを　かきましょう。（□1つ1てん）

(1)  54 − 56 − □ − 60 − □ − 64

(2)  33 − 44 − □ − 66 − □ − 88

(3) 75 − □ − □ − 60 − 55 − □

5 つみきの　かずを　くらべましょう。（1つ5てん）

ア　　　イ　　　ウ　　　エ

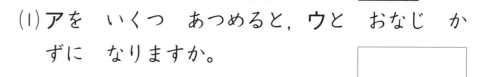

(1) アを　いくつ　あつめると、ウと　おなじ　かずに　なりますか。

(2) エを　アと　おなじ　かずに　わけると、いくつに　わけられますか。

(3) アの　2つぶんと　イの　3つぶんを　ぜんぶ　あわせると、どれと　おなじ　かずに　なりますか。

120 仕上げテスト ⑧

⭐1 □に あう かずを かきましょう。 （1つ3てん）

(1) $8 + \boxed{} - 4 = 5$

(2) $\boxed{} + 7 - 3 = 12$

(3) $18 - \boxed{} - 3 = 10$

(4) $\boxed{} - 20 - 20 = 0$

⭐2 □には ＋か － どちらかが 入ります。 あう ものを かきましょう。 （1つ3てん）

(1) $13 \boxed{} 5 = 18$

(2) $50 \boxed{} 5 = 45$

(3) $14 \boxed{} 7 = 7$

(4) $8 \boxed{} 2 \boxed{} 6 = 12$

(5) $55 \boxed{} 20 \boxed{} 30 = 65$

(6) $78 \boxed{} 10 \boxed{} 30 = 58$

⭐3 ひろい じゅんに ばんごうを かきましょう。 （6てん）

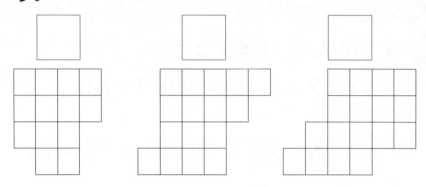

⭐4 さるが つき山に 45とう ほし山には 76とう すんで います。ほし山に すんで いた さるのうち 23とうが つき山に ひっこしました。といに こたえましょう。

(1) 下の かずの せんの □に あう かずを かきましょう。 （1つ4てん）

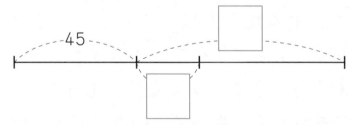

(2) つき山の さるは なんとうに なりましたか。 （6てん）

$$\boxed{}$$

標準レベル 1 あつまりと かず

☑解答

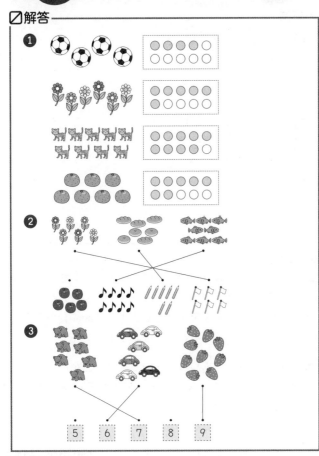

指導の手引き

❶ ボールや花などの具体物と○などの記号(半具体物)を
１対１対応させます。数え落としのないように、○を
ぬりつぶす動作と左の具体物にチェックを入れる作業を
一体化・パターン化します。

❷ 例えば、左端の「花」と「りんご」ではチェックの回数が
異なります。「数」の多い・少ないを「もの」にチェックを
入れた回数で意識させます。

❸ 数え落としのないようにチェックしながら「いち、に、
さん、……」と声を出して読み上げます。

上級レベル 2 あつまりと かず

☑解答

❶ (対応の線)

❷ 5 9 4 6 7

❸ ほしとあめ　　うしととまと
とりとかに

指導の手引き

❶ 具体物の数と半具体物の数を対応させることで、数の
理解を段階的に進める問題です。まず「犬の数」と右列の
「●の数」を上から順に１対１対応させ、合うものをさ
がします。数字の理解がはやいようなら、左列の具体物
の数を図の近くに 7、9、10、……とメモし、右列の●
の数から合うものをさがしてもよいでしょう。

❷ 具体物の数と数字を直接対応させる問題です。まず、
上の段の具体物を「いち、に、さん、……」と確実に数え
てから、下の段の数字の中から合うものを選びます。

❸ 具体物の多い・少ないを直感的に把握することで数が
表す量感を意識する問題です。同じ数の具体物を見つけ
にくいときは、数が少なそうなものからチェックを入れ
ていき、数を読み上げていくとよいでしょう。

標準レベル 3 かずと すうじ (1)

☑解答

❶ (左から) 4, 7, 9

❷ 4 →
5 →
8 →

❸ (1)7　(2)8
(3)9　(4)8

❹ (1)(左から) 3, 4
(2)(左から) 6, 8
(3)(左から) 6, 4
(4)(左から) 6, 3

指導の手引き

❶ 積み木の数を数えます。「いち、に、さん、……」と声
を出すことと指でさして数える動作を確実に行うように
します。

❷ 数字から○(半具体物)の数を意識する問題です。「いち、
に、さん、……」と声を出しながら問題の数になるまで○
を塗っていきます。

❸ 数字だけでその大小を比較します。わからなければ、
その数だけ○をかいて比べます。数字から半具体物に戻
らずに、数の大小と量感をつかめるようになるまで反復
しましょう。

❹ 数の並び方の規則を見つける問題です。(2)では「5」か
ら数え始める場合を知り、(3)(4)では１ずつ減っていく
規則を見つけることと、途中の数の並び方から考えて、
左端の数を戻って見つけることを学びます。

上級 レベル 4 　かずと　すうじ (1)

☑解答

❶ （左から）7，9，6

❷ (1)○○

　　(2)○○○○○

　　(3)○○○○

❸ (1)9　(2)1　(3)10

　　(4)10　(5)9　(6)10

❹ (1)（左から）4，5，7

　　(2)（左から）2，3

　　(3)（左から）7，8，10

　　(4)（左から）2，0

指導の手引き

❶ 積み木の数を教えます。基本の動作として，「いち，に，さん，……」と声を出すことと，指で規則的に図をさして数えあげることを確実に行うようにします。「指さし」は図の左上から右へ，上の段から下の段へ，数える方向を決めておきましょう。

❷ ○の数と数字を対応させます。意味をつかみにくいときは，問題に記されている○の数が，右の数字にいくつたりないかを意識させ，数字にあうまで○をかきたしていきます。

❸ 数字だけで大小を判断する問題です。ここでは「0，1，9，10」の4つの数だけで問題を構成しており，「10」という数への理解を深めることもねらいとしています。

❹ 3ページの❹同様，数の順序をしっかりつかみます。降順（数が少なくなる場合）にも慣れておきましょう。これまでの問題と同様に，発声しながら確認させましょう。

標準 レベル 5 　かずと　すうじ (2)

☑解答

❶ (1)さる　くま　ねこ

　　(2)うま　うさぎ　いぬ

❷ (1)7，6，5，4，3

　　(2)10，9，8，7，6，2

❸ (1)（左から）6，10

　　(2)（左から）10，9，6

　　(3)（左から）4，0

❹ (1)2　(2)3　(3)1　(4)5

指導の手引き

❶ 動物を仲間ごとに別々に数えます。まず，左の「くま」を数えあげ，くまの絵の近くに数字「7」を大きい字ではっきり書きとめます。この動作を「ねこ」「さる」について繰り返し，答えは数字の大きい順に動物の名前を書けばよいことを読み取らせましょう。

❷ 最初にいちばん大きな数を見つけて，チェックを入れます。チェックが入らなかった数で，その作業を繰り返します。最後に右から小さい順に並んでいることを確認させましょう。

❸ 並び方の規則を見つける問題です。2の次が4？ということに興味を持たせます。その間の数（3）が横線（−）のところに隠れていることを理解すれば，並び方の規則をつかめるでしょう。

❹ (1)〜(3)は1対1で左右にチェックを入れ，残った図の個数が答えになります。左右それぞれ数えて数字を書きとめ，その大きさのちがいを考えることでも解決できます。(4)で数字から直接ちがいを見つけられないときは，○などの半具体物をかき出し，1対1でチェックを入れて考えます。

上級 レベル 6 　かずと　すうじ (2)

☑解答

❶ (1)9，8，6，4，3

　　(2)10，8，7，6，1

　　(3)10，8，6，4，2，0

　　(4)10，9，6，3，0

❷ (1)1　(2)9　(3)0

❸ (1)（左から）3，9

　　(2)（左から）10，4

❹ (1)7こ

　　(2)9こ

　　(3)3こ

指導の手引き

❶ まずいちばん大きな数を見つけてチェックを入れ，同時に解答欄に書きうつします。続けてチェックが入っていない数でその作業を繰り返します。最後に右から小さい順に数が並んでいることを確認しましょう。

❷ 直接「ちがい」を求められないときは，○などの半具体物をかいて，1対1でチェックを入れていきます。(3)では「2つの数にちがいがない」ことを「ちがいが0」と表すことを理解させましょう。

❸ 並び方の規則を見つける問題です。となりの数とのちがいが2ですが，わかりにくいときは1から10までの数を順に書いてみて，「□に入る数」と「横線（−）のところに隠れている数」を問題と見比べてみましょう。(2)では数字を10から1まで降順で書き出します。

❹ 文章題の入り口の問題です。文章の内容と絵を交互に確かめながら，ゆっくり理解を深めていきます。(3)は具体物による単純な大小比較です。文章を2つ（1行目と2行目）に区切って意味をつかませるとよいでしょう。

標準レベル 7 いくつと いくつ (1)

☑解答

❶ (1)2 ほん
(2)5 ほん
(3)0 ほん

❷ (1)○○
(2)◎◎◎
(3)×
(4)△△△
　△△△

❸ (1)3　(2)5　(3)9　(4)6　(5)7

指導の手引き

「数の並び」の概念から「数を分ける」ことにステップアップする単元です。

問題は，❶具体物→❷半具体物→❸数と，順に観念化を図るように構成しています。「数の並び」に立ち戻らずに数を分ける操作を習熟することで，数について理解を深めます。

❶ ひき算ではなく，「6 は 4 と 2」のように，1 つの数を 2 つの数に分ける操作を具体物で考える問題です。いちばん上の 6 本の鉛筆の絵と，各問の筆箱の外にある鉛筆を比べて，筆箱の中にある鉛筆の数を考えます。(3)では，筆箱の中に鉛筆が入っていないことを，この問題では「0 本」と表現すればよいことを理解しましょう。

❷ 半具体物(記号)を用いて数を分ける操作をします。(1)～(3)は左の図にチェックを入れるか，区切り線をかき入れるなどの方法が確実です。(4)は右の△の数を合わせればよいことを理解しましょう。

❸ 最初は数を○に置き換えて考えるとよいでしょう。反復することで，数の並びに戻らずに見つけることができるようにしましょう。

上級レベル 8 いくつと いくつ (1)

☑解答

❶ (1)5 ひき
(2)8 ひき
(3)3 びき

❷ (1)4
(2)3
(3)6
(4)1

❸ (1)3　(2)2　(3)5
(4)4　(5)3　(6)7

指導の手引き

数を分ける操作を単純化すると，❸のような図になります。❷で文章の意味を把握するのに時間がかかる・あるいは飽きるようなら，❸のように図式化して見せるとよいでしょう。

その段階の前でつまづく場合には，○などの半具体物に置き換えることで反復練習します。○を並べてかき，区切りを入れることで分割します。

○○○○|○○○○

手を動かすことで数の量感から大小をつかめるようになります。たし算・ひき算の基礎になる概念ですので，あせらず，じっくり取り組みましょう。

標準レベル 9 いくつと いくつ (2)

☑解答

❶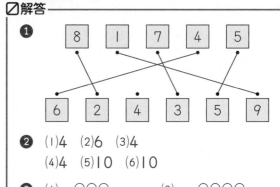

❷ (1)4　(2)6　(3)4
(4)4　(5)10　(6)10

❸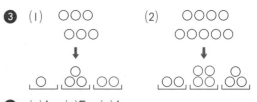

❹ (1)1　(2)5　(3)4
(4)4　(5)1　(6)3

指導の手引き

❶ 10 を 2 つの数に分ける問題です。たし算・ひき算の繰り上がり・繰り下がりのある計算で，10 を分ける操作は非常に重要です。〔1 と 9〕〔2 と 8〕〔3 と 7〕〔4 と 6〕〔5 と 5〕の 5 通りをしっかりつかみましょう。

❷ 8 以上の大きな数字を分ける操作を練習します。ミスが目立つときは半具体物に置き換えて反復しましょう。

❸ 数を 3 つに分ける導入問題です。❹のような図だけで自由自在に数を操作できることが目標です。つまずくときは，○◎●などの半具体物に戻って練習しましょう。

❹ 一度に分けられないときは，❸の絵にならって○などの半具体物に置き換えてみます。または，「7 は 2 と 5」→「5 は 4 と □」のように 2 段階に分けて考えることもできます。

10 上級レベル いくつと いくつ ⑵

☑解答

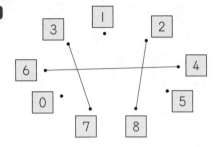

2 ⑴3　⑵8　⑶2
3 ⑴7　⑵3　⑶10　⑷2
4 1，3，6

指導の手引き

1 不特定の相手から見つけだす問題です。個別には「あわせて 10 になる相手を探す」操作は変わらないので，手がつかない場合には 1 から順に相手を探します。

3 そのまま分けられないときは，文章をよく読んで○などの半具体物に置き換えて考えます。合計の数が⑴⑵は文頭にあり，⑶⑷は文末にあります。文意がつかめないようであれば 9 ページ **3** の絵にならって示すか，**2** のように図式化して見せるとよいでしょう。

4 「相手を探して 10 にする」ことからステップアップする問題です。糸口がつかめないようなら，大きい数から順に考えていきます。
9と1で10→カードを 3 枚選べない
8と2→8と1と1→1のカードが 1 枚しかない
7と3→7と2と1→2のカードがない
……と順に絞り込んでいきます。

---

11 標準レベル たしざん ⑴

☑解答

1 ⑴5
　⑵7
　⑶5
2 ⑴5
　⑵8
3 ⑴9　⑵4
　⑶7　⑷9
　⑸9　⑹10
　⑺4　⑻9
4 （しき）3 + 6 = 9
　（こたえ）9 こ

指導の手引き

1 2 つの数を合わせる操作です。
この単元では，具体物から
　　○○と○○○→○○○○○
　　2 ＋ 3 ＝ 　5
と順に抽象化します。
「あわせる」「ふえる」ことを「+」の記号を使うことで，ものごとを単純化して表すことを理解するのが最終目標です。

2 「ふえる」相手を数字で表現しています。
絵で描かれた猫や本と，文章中の「2 ひき」「2 さつ」が同質で加算できる相手であることを理解させましょう。わかりにくいときは「2 ひきの猫」「2 さつの本」の絵を描いて示します。

4 絵がない文章題です。はじめはももを○などの簡単な絵で表して考えてもよいでしょう。
文章題では〔しき〕と〔こたえ〕の両方を書くことをしっかり身につけます。〔こたえ〕に「こ」「ひき」などの単位をつける必要があるかどうか，解答欄に注意するよう指導します。

---

12 上級レベル たしざん ⑴

☑解答

1 ⑴7
　⑵9
　⑶8
2 ⑴10　⑵10
　⑶6　⑷3
　⑸10　⑹10
　⑺10　⑻8
3 ⑴（しき）4 + 3 = 7
　　（こたえ）7つ
　⑵（しき）3 + 2 = 5
　　（こたえ）5 ひき
4 （しき）4 + 2 = 6
　（こたえ）6 わ

指導の手引き

1 「あわせる」操作をするいろいろな文章を読み取る練習です。⑴の「あめ」は同質のものと読めますが，⑵の「とら」と「らいおん」は異種類で，「動物」というくくりで合わせることを求めています。⑶は色を区別しないで旗の本数を合計する操作を求めています。

2 11 ページの **3** から計算練習が始まります。
最初は指を折ったり，数を順に声を出して読み上げることがあるかもしれませんが，すぐに答えが出せるようになるまで反復練習しましょう。⑷ではある数に 0 をたしても答えがある数のままであることに注意します。

3 絵から式をつくって答えを求める練習です。
「式をつくる→計算する→答えを書く」という流れを身につけるようにします。一足飛びに答えを書いてしまう傾向があれば，まず式を書くことから始めるように指導します。

13 最上級 レベル ①

☑解答

❶ (1)7
(2)9

❷ (1)9, 8, 7, 4, 1
(2)10, 7, 4, 3, 2
(3)10, 4, 2, 1, 0

❸ (1)3
(2)8
(3)8
(4)6

❹ (1)4　(2)3　(3)9

❺ (1)6　(2)6
(3)9　(4)10
(5)10　(6)10

指導の手引き

1～12ページまでの復習問題です。

つまずくポイントがあれば，各ページの類題を反復練習しましょう。

❸や❹がわかりにくいときは，おはじきやクリップなどを使って，実際に分ける遊びを通じて指導します。

❸，❹，❺で指を折って考えている場合も，おはじきやクリップなどを使って，数の意味をしっかり理解させるようにしましょう。指を折る習慣が身につくと，10より大きい数の計算が難しくなります。

---

14 最上級 レベル ②

☑解答

❶ (1)4　(2)3　(3)0

❷ (1)(左から) 5, 6, 8
(2)(左から) 4, 8
(3)(左から) 6, 2
(4)(左から) 9, 5

❸ (1)1　(2)3　(3)2

❹ (1)8　(2)8
(3)1　(4)3
(5)7　(6)0

❺ (しき) 4 + 3 = 7
(こたえ) 7 にん

指導の手引き

❹ (3)～(6)は0のあるたし算です。

1 + 0→ある数に0をたしてもある数のまま変わらない

0 + 7→無いところにある数をたす

わかりにくいときは，0が「1つもない」ことを表していることに気づくようにします。

0 + 0はそれを突きつめたものですが，昨日も今日もクラスで欠席がいなかった，2度の玉入れで1回も入らなかった，というような例示で説明します。

❺ 19～22ページで学習する順序数「1だいめ」「2だいめ」を問題文中に織り込んでいます。ここでは求めるものは人数なので，「～だいめ」は，式をつくってたす数ではないことを理解できればよいでしょう。

標準 レベル 15 ひきざん (1)

☑解答

❶ (1)6
(2)4
(3)4

❷ (1)3
(2)2

❸ (1)1　(2)4
(3)5　(4)1
(5)5　(6)1
(7)3　(8)2

❹ (しき) 8 − 3 = 5
(こたえ) 5 ほん

指導の手引き

❶ 残りの数を求めるために，さしひく操作を身につけます。具体物・半具体物を「食べた分」「消えた分」の数だけ斜線でチェックして消すことで，残りの数をつかむようにします。

❷ ちがい・差を求める操作を身につけます。
「鉛筆1本」⇔「ペン1本」と1対1で交互にチェックを入れていき，残ったものが差であることを理解させましょう。

❸ 計算練習では，たし算同様，数えたり順序に戻ったりせずに，すぐに答えが出せるようになるまで反復練習しましょう。

❹ 文章題です。たし算の文章題と同様に〔しき〕と〔こたえ〕の両方を書くこと，〔こたえ〕の単位に注意するようにします。

上級 レベル 16　ひきざん (1)

☑解答

❶ (1)(しき) 8 − 5 = 3
　　(こたえ) 3
　(2)(しき) 9 − 4 = 5
　　(こたえ) 5 こ

❷ (1)3　(2)7
　(3)2　(4)7

❸ (1)6　(2)3
　(3)2　(4)2
　(5)0　(6)0
　(7)6　(8)7

❹ (1)4 ほん
　(2)2 ほん

指導の手引き

❶ 単純な文章題ですが，式をつくって答えを出す過程を
しっかり身につけましょう。

❷ 問題文から「何をすればよいのか？」を読み取る練習で
す。いちばん大きい数といちばん小さい数を見つけるの
が第 1 段階，それから式をつくってひき算するのが第
2 段階で，見かけよりハードルが高い問題です。わから
ないときは，どの段階で止まっているのかを対話しなが
ら見つけましょう。

❹ 解答では式を書くことを求めていませんが，○などで
図示しないかぎり答えを出す過程でひき算が必要です。
(2)では式をつくるのに必要な白い旗の数(4 本)が問題文
中に示されていません。(1)の結果を利用することを理解
させましょう。

標準 レベル 17　たしざんと　ひきざん (1)

☑解答

❶ (1)4　(2)1
　(3)0　(4)8
　(5)2　(6)8

❷ (しき) 3 + 5 = 8
　(こたえ) 8 こ

❸ (しき) 7 − 4 = 3
　(こたえ) 3 こ

❹ (しき) 6 − 4 = 2
　(こたえ) 2 わ

❺ (しき) 8 − 5 = 3
　(こたえ) 3 びき

❻ (1)2　(2)5
　(3)2　(4)6
　(5)2　(6)7

指導の手引き

❷〜❺の文章題では，たすのか・ひくのかの判断を，まわ
りの問題に頼らずにできることが目標です。パターンに
はめ込みがちになるかもしれませんが，文章から具体的
な場面を思い浮かべながらできれば理想的です。

❻ 逆算ですが，ここでは単純に逆算の式をつくるのでは
なく，
(1)3 からいくつふえると 5 になるか
(3)6 からいくつへると 4 になるか
(5)ある数から 4 ふえると 6 になった
(6)ある数から 2 へると 5 になった
というように，式の意味合いを読み取って答えの数を見
つけるようにします。

上級 レベル 18　たしざんと　ひきざん (1)

☑解答

❶ (1)8　(2)5
　(3)9　(4)0
　(5)10　(6)7

❷ (1)9 こ　(2)2 こ

❸ (1)(しき) 7 + 3 = 10
　　(こたえ) 10 まい
　(2)(しき) 7 − 3 = 4
　　(こたえ) 4 まい
　(3)6 まい

❹ (1)2　(2)0
　(3)5　(4)10

指導の手引き

❷ (2)りんごを 1 つたべる→ 3 こになる
5 こあるみかんをいくつかたべる→ 3 こになる
というステップを踏みます。

❸ (3)文章が長く，手をつけるところが見つけにくい問題
です。記号などの半具体物を使って題意を図で表すこと
で，解決の糸口を見つける練習をしましょう。
赤い折り紙を○，青い折り紙を□で表して，
　　○○○○○○○
　　□□□
ここで○ 3 つと□ 1 つをチェックで消すと，目に見え
る形で解決します。解答では式を書くことを求めていま
せんが，どんな式がつくれるか考えてみると面白いで
しょう。

❹ 逆算ですが，式の意味合いを読み取って答えの数を見
つけます。
(2)4 からいくつふえると 4 になるか→ 0
(4)ある数から 10 へると 0 になった→ 10

標準レベル 19 じゅんばん (1)

☑解答

❶ (1)2 ばんめ

　(2)6 ばんめ

　(3)きりん

　(4)5 ばんめ

❷ (1), (2), (3)

❸ (1), (2)

　(3)4 まい

指導の手引き

❶ まず基準(起点)になるところをおさえます。

「まえから」の設問では左端の「牛」が１番目で、「いちばん、にばん、さんばん、……」と指で押さえながら声を出して数えます。

順番の問題では基準となる「前」「後ろ」「左」「右」「上」「下」を正確につかむことが大切です。また、同じ問題の中で基準を変えて問う設問が多く見られるので、注意が必要です。

❷ (2)「みぎから６ばんめ」は単独指定、

(3)「みぎのはしから３つめまで」は範囲指定です。

「…から〜まで」という表現には細心の注意が必要です。

❸ ❷と同様に単独指定と範囲指定に注意をはらいます。

(3)の問題文の意味をつかみにくいときは、「(1)と(2)を答えたあとで、まだしるしのついていないかみ」と補足してください。

上級レベル 20 じゅんばん (1)

☑解答

❶ (1)8 ひき

　(2)うさぎ

　(3)7 ばんめ

　(4)5 ひき

　(5)4 ひき

❷ (1) ○○●○○○○○○○

　(2) ○○○○○○●●●●

　(3) ○○○●○○○○○○

　(4)あかいろ

❸ 5

指導の手引き

❶ (4)「ねこよりしたに〜」のように、中間にあるものを基準とする場合もあります。

中間にあるものを基準にして「…より下に〜」などと表現する場合は、基準となるものは１番目とは数えません。

この場合はうさぎが１番目、リスが２番目、……です。

❷ (4)「みぎから５ばんめのたまよりひだりにあるたま」は、基準となる白の玉は含めずに数えた７個です。

(白、黒、赤、赤、赤、黒、白)の７個で、赤が３個あります。

❸ 問題の中の列記された数にチェックを入れて、下の余白部分に書き並べる作業を確実に行います。

「9、8、7、5、…」まで書き出したところで答えがわかるので、4 以下の数を並べる必要はありません。

標準レベル 21 じゅんばん (2)

☑解答

❶ (1)3 こ

　(2)4 こ

　(3)6 こ

❷ (1)4

　(2)い

　(3)だ

　(4)が

　(5)8

指導の手引き

❶ 「｜…のあいだにある」という表現では、その両端を合めません。

(2)○○●●●●●○○○●

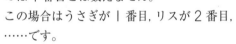

左から 4 番目の玉

これより右にある玉は「●●●○○○●」の 7 個です。

(3)○○●●●●●○○○●

いちばん左の黒い玉　いちばん右の白い玉

両端を含めずに数えます。

❷ (3)「ひだりから 7 ばんめのカード」は「い」で、そのすぐ左にあるカードは「だ」です。左から 7 番目のカードを見つけるときに左端の「さ」から右方向へ数えていくため、錯覚しやすい表現になっていることに注意します。

(4)両端から｜対｜でチェックを入れ(「さ」と「き」、「ん」と「す」、「す」と「い」、……)最後に残る「が」が真ん中であることを示します。

(5)「す」を見つけるのは簡単ですが、問題文の表現に注意をはらいましょう。

上級 レベル 22　じゅんばん ⑵

☑解答

1 ⑴, ⑵

				○		●					

⑶7 ばんめ

⑷

								✕	✕	✕	✕

⑸4 まい

2 ⑴いぬ

⑵9 ばんめ

⑶4 ばんめ

⑷8 ばんめ

指導の手引き

2 ⑵『「さき」は「ぱぴ」の　4 ひき　みぎ』

中間（左から5番目）にいる「ぱぴ」を基準にしているので，「ぱぴ」の右どなり・左から6番目の犬が1ぴきめとなります。

⑶左から犬だけ2ひき数え，そのすぐ右にいる猫が「たま」です。

⑷6ぴきの猫の位置から，問題に合うものをさがします。「左に犬，右に猫」なので，〔～犬猫猫～〕と並んでいるところの真ん中の猫が「みけ」です。

標準 レベル 23　20までの　かず ⑴

☑解答

1 ⑴17

⑵15

2 ⑴(○)( )　⑵( )(○)

3 ⑴16　⑵10　⑶7

4 ⑴15　⑵18

⑶20　⑷12

⑸18　⑹11

5 ⑴20, 17, 13, 12, 10

⑵20, 18, 11, 10, 5

指導の手引き

20までの数を「10のまとまり＋一の位の数」ととらえます。同時に補助的に「5のまとまり」を導入することで速く数えあげることができることを実感し，数への理解を深めることを目標とします。

2 1対1でチェックを入れるか，個別に数えます。

3 11～19の数が「10といくつ」「いくつと10」で構成されていることをしっかり定着させます。

4 数を「0～9」「10～19」「20」の仲間に分けてみることが重要です。⑴⑵⑹はどちらも「10～19」の仲間の数なので「10といくつ」の「いくつ」（一の位）の部分を比べます。⑶⑷⑸は異なる仲間の数を比べているので，十の位の数に注目することで判断できます。この区別が自在にできるように練習しましょう。

5 まず十の位の数をみることでグループに分けます。

⑴では20，⑵では20と5をより分けたあと，一の位の数の大きい順に残りの数を並べます。

なお，今の段階で大きい順に考えることが苦手・あるいは時間がかかるならば，小さい順に並べて答えを書くときに逆順にしてもかまいません。

上級 レベル 24　20までの　かず ⑴

☑解答

1 ⑴ 〇〇〇〇〇　〇〇〇〇〇

⑵

⑶

⑷

2 ⑴おおきい　かず 20，ちいさい　かず 10

⑵おおきい　かず 18，ちいさい　かず 0

3 ⑴3　⑵2　⑶6

⑷1　⑸2　⑹8

4 ⑴17　⑵15　⑶18

⑷12　⑸8　⑹10

指導の手引き

1 「10といくつ」ととらえるのが狙いです。まず左の10個を塗り，あといくつか数えます。

2 数を「0～9」「10～19」「20」の仲間に分けて考えます。

3 ⑸を除いて，一の位だけ比べます。その前提としても，まず十の位の数から見る習慣を身につけましょう。

一の位の数の並び方から，ちがいはいくつ分かを判断するようにします。

4 直感で出てこないときには，数の並びを意識して「じゅうろく，じゅうしち，じゅうはち，……」のように数えあげます。

標準レベル 25 20までの かず ⑵

☑解答

❶ ⑴(左から) 13, 16
　⑵(左から) 18, 17, 15
　⑶(左から) 9, 12
　⑷(左から) 14, 18
　⑸(左から) 16, 10, 6

❷ ⑴16　⑵3　⑶14

❸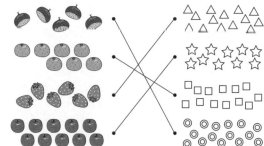

❹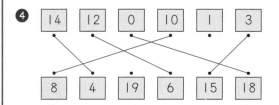

指導の手引き

❶ 並び方の規則を見つける問題です。昇順・降順とも20までの数はよどみなく言えるように練習しましょう。数が１つおきの場合には，間の数が横線（－）に位置することを再確認します。

❸ まず具体物・半具体物の数を個別に数え，絵や記号の近くにその数をはっきりメモする作業に集中します。次に左列・右列の数字を見て，合わせて20になる組を見つけます。

上級レベル 26 20までの かず ⑵

☑解答

❶ ⑴(左から) 12, 10, 9
　⑵(左から) 9, 11, 15
　⑶(左から) 5, 14, 20
　⑷(左から) 18, 12, 3

❷ 2 ほん

❸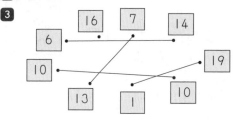

❹ ⑴19
　⑵11
　⑶8
　⑷2
　⑸20

指導の手引き

❶ 並び方の規則を見つける問題ですが，⑶⑷では数が２つおきに並んでいます。⑶では「8」と「11」の間の横線（－）の下に「9，10」と書きこむと，規則が目に見える形でわかります。

❷ この段階では２桁（けた）の数どうしのたし算ひき算はまだ学習していません。
「14から16になるにはいくつふえたか」を数の並びで判断します。

❸ 「あわせて10」と同様に，20を２つの数に分けることも数の量的感覚を育むことに非常に有効です。20までの数を自在に扱えることで，計算の速さ・正確さが身につきます。しっかり反復練習しましょう。

27 最上級レベル ③

☑解答

❶ ⑴4　⑵1
　⑶5　⑷6
　⑸1　⑹0

❷ ⑴, ⑵
　☆☆✪☆★★★★☆✪☆☆
　⑶6 こ
　⑷5 ばんめから　8 ばんめ

❸ ⑴( )(○)　⑵( )(○)

❹ ⑴19
　⑵4
　⑶10

❺ (しき) 9－3＝6
　(こたえ) 6こ

指導の手引き

❸ 23・25ページでも20までの具体物を数える問題がありましたが，どのように数えているかそばで確かめられることをお勧めします。
多くのものを数えるとき「いち，に，さん，……」方式では時間がかかるうえに数え落とす可能性が高くなります。２個をまとまりとみて「に，し，ろく，はち，じゅう」と声を出して数えるほか，できれば5個をまとまりとして線で囲う方法など，速く正確に数えあげる方法を段階的に取り入れましょう。
小学１年算数では120程度までの数を扱い，不規則に配置された100個近い具体物を数えあげるところまで練習します。

☑解答

1 (1)3 (2)8
(3)8 (4)8

2 (1)3 こ
(2)9 こ
(3)4 こ

3 (1)6 (2)10 (3)3

4 (1)(左から) 9，11，13
(2)(左から) 16，14，12
(3)(左から) 16，10

5 (1)12
(2)10

指導の手引き

2 文章で書かれた場面や数の増減を理解することに比重を置く問題です。状況を整理する手段として具体物や記号を使って絵など見える形にすることを学んできましたが，「りんご」「みかん」「あわせた数」が全部食べる前と後で変化するので，頭の中だけで考えるのは大変です。はじめはどんな図でもよいのでまずは手を動かしてみることを勧めましょう。

	りんご	みかん	合計
前	○○○○○		
食べる	○○	○○○	
後			○○○○

5 数の十の位の数によって，「0～9」「10～19」「20」の仲間に分けて考えます。

☑解答

1 8と ②を あわせて 10
10と のこりの ③を たして，
こたえは ⑬
8 + 5 = ⑬

2 8を ③と ⑤に
わけます。
7と ③を あわせて 10
10に のこりの ⑤を
たして，こたえは ⑮

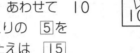

3 (1)(大きい□) 14
(小さい□) 2，4
(2)(大きい□) 14
(小さい□) 3，4
(3)(大きい□) 14
(小さい□) 5，4
(4)(大きい□) 16
(小さい□) 1，6
(5)11
(6)16

指導の手引き

1桁の数どうしの繰り上がりのあるたし算です。
合わせた数を「10と，あといくつ」でとらえることで計算します。合わせる2つの数の一方を固定し，他方を「固定した数を10にするために補う数」と「その残り」に分割します。
たし算は交換法則が成り立つので前後どちらの数を分けてもよいのですが，この単元では位が繰り上がるしくみをしっかり理解するために，前の数を固定し後の数を分割するパターンでそろえています。

☑解答

1 さきに 9を ②と ⑦に わけます。
つぎに 8と ②を たして 10に します。
さいごに 10と のこりの ⑦を たして，
8 + 9 = ⑰

2 (左から) 9 7 5 2 6
(左から) 2 5 4 6 3

3 (1)(大きい□) 16
(小さい□) 3，6
(2)(大きい□) 12
(小さい□) 7，2
(3)(大きい□) 12
(小さい□) 6，2
(4)(大きい□) 13
(小さい□) 5，3

4 (1)15 (2)11
(3)12 (4)15
(5)13 (6)18

指導の手引き

29ページと同様に前の数を固定し後の数を分割するパターンを誘導しています。
1桁の数どうしで繰り上がりのあるたし算は45問しかないので，同じ計算に何度もあたります。計算に慣れてくるにつれて，分けやすいほうを分割すればよいことや，「9をたす」問題を「1をひいて10をたす」ことで解決するなど，計算の面白さに気づいていくでしょう。

標準レベル31 たしざん (3)

☑解答

❶ (1)12 (2)12
(3)13 (4)14
(5)11 (6)14

❷ (1)(しき) 8 + 5 = 13
(こたえ) 13こ
(2)(しき) 7 + 4 = 11
(こたえ) 11まい
(3)(しき) 6 + 6 = 12
(こたえ) 12ひき

❸ (1)14 (2)13 (3)13

❹ (しき) 7 + 8 = 15
(こたえ) 15とう

指導の手引き

❷ (1), (2)では具体物を通して数えるのではなく,「左は8,右は5」と別個に数え,式をつくって計算するというステップを踏みます。
(3)では具体物が数で表されています。式に直結しているので扱いやすいことがわかります。

❸ 具体物と数値の加算性を確かめる問題です。式をつくれないときは,文章で書かれた数値((1)では「6こ もらいました」)のところを絵に置き換えて示すようにします。解答では式をつくることは求めていませんが,問題の余白部分に式を書くように勧めましょう。
余白部分はお子様が自由に使えるスペースです。考えの進め方や計算の過程を「足跡」として残すことは復習するときに役立つだけでなく,自学の姿勢を養うのに有効です。せっかくの「足跡」を消してしまうのは大変もったいないことです。書き込みはそのまま残し,消しゴムは解答欄を書きなおすとき以外には使わないようにしましょう。

上級レベル32 たしざん (3)

☑解答

❶ (1)12
(2)13
(3)16

❷ (1)(左から) 11 6 4 12 8 9
(2)(左から) 12 17 13 10 18 15

❸ (1)11 (2)14
(3)11 (4)11
(5)12 (6)14
(7)12 (8)11

❹ (れい)
りんごが 8こ と みかん が 7こ
あります。
ぜんぶで なんこに なりますか。
※ あわせて などでも せいかいです。

指導の手引き

❷ 表による計算です。慣れるまでは指で数の位置を押さえながら「4たす7は」と読み上げながら埋めていくとよいでしょう。見えないたし算の式を頭の中で描いて計算できるようになります。

❹ 日常の場面から算数の問題をつくります。最初はまねごとで,これまでに出会った文章題から連想できればよいでしょう。ここでは型にはめる形式で解答させるのでパターン的な問題しかつくることができませんが,自由解答にするとさまざまな問題をつくることができます。算数的活動として取り上げられる機会が増えています。

標準レベル33 たしざん (4)

☑解答

❶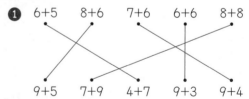

❷ (1)5 (2)6 (3)7
(4)9 (5)6 (6)8

❸ (1)14 (2)18 (3)16 (4)17

❹ (1)15 (2)18 (3)13 (4)13
(5)14 (6)14

❺ (しき) 6 + 3 + 4 = 13
(こたえ) 13ぼん

指導の手引き

❷ 逆算です。ここでは形式的に逆算の式をつくるのではなく,「たりない数を補う」という見方で数の概念の理解を深めることを狙いとしています。
(1)6 +□= 11
6と「4」で10をつくり,あと「1」補えば11になります。
□は4と1を合わせた数なので,5となります。
(3)8 +□= 15
8と「2」で10,あと「5」補うので,2と5を合わせて7。
(4)□+ 5 = 14
結果の14から,5を「1」と4に分けます。□と1を合わせると10になるので,□は9となります。
または交換法則を生かして,+の前後の数を入れ替えて(1)〜(3)と同様に考えることもできます。
わからないときは,おはじきや碁石などを式の形に並べて見せ,式の左右の「つりあい」を確認して「足りないものはどれだけか」をつかませます。紙に式と対応するように○をかいてもよいでしょう。
※❸❹は34ページの指導の手引きを参照してください。

☑解答

1 (1)①9　②6　③4
(2)①8　②9　③14
(3)①10　②5

2 (1)(左から) 10　12　16　19　17　15
(2)(左から) 17　14　13　18　19　20

3 (1)14　(2)19
(3)18　(4)12

4 (1)9　(2)12
(3)13　(4)16
(5)18　(6)17
(7)19　(8)18

5 (しき) 6 + 6 + 3 = 15
(こたえ) 15 こ

指導の手引き ▶

3 33・34 ページとも，10 以上の数と 1 桁の数をたす計算です。一の位の数を合わせればよいことに気づかせます。
しっくりこない感じが見受けられましたら，10 円玉 1 個と 1 円玉 10 個を用意して，式の形に並べて見せましょう。

4 33・34 ページとも，3 つの数のたし算です。前から順にたすのが基本です。
これまでの計算練習で，たし算は入れ替えができることを無理なく理解しているようでしたら，合わせやすいところからたしていくことを助言するとよいでしょう。
34 ページの **4** の(3)〜(6)は，合わせて 10 になる組を見つけると計算が単純になることに気づくことをねらいとしています。

☑解答

1 (1)15 を 10 と ⑤ に わけます。
まず 10 から 7 を ひいて ③
15 − 7 → 10 − 7 + 5 = ⑧
(2)12 − 9 → 10 − 9 + ② = ③

2 (1)(左から) 3　7
(2)(左から) 9　6
(3)(左から) 9　4　5

3 (1)9 を 6 と ③ に わけます。
まず 16 から 6 を ひいて ⑩
ここから のこりの ③ を ひきます。
16 − 9 → 16 − 6 − ③ = ⑦
(2)15 − 8 → 15 − 5 − ③ = ⑦

4 (1)(左から) 6　4
(2)(左から) 2　3
(3)(左から) 4　1　9

5 (1)6　(2)9

指導の手引き ▶

20 までの 2 桁の数から 1 桁の数をひく，繰り下がりのあるひき算です。2 通りの解法があります。

1 2 元の数を 10 と「いくつ」に分けます。ひく数を 10 からひき，保留していた「いくつ」を合わせると答えになります。2 段階の操作に慣れるまで，十分練習しましょう。

3 4 ひく数を「元の数の一の位の数」と「残り」の 2 つの数に分けます。元の数から「元の数の一の位の数」を先にひいて，10 に合わせます。次に 10 から保留していた「残り」をひくと答えになります。

どちらもおはじきなどを 30 個弱準備して，具体的な操作としてひき算の過程を表現すると理解が深まるでしょう。

☑解答

1 (1)①(左から) 8　4
②(左から) 7　4　7
③(左から) 6　2　6
(2)①(左から) 7　3
②(左から) 2　3　7
③(左から) 7　2　8
④(左から) 4　4　6

2 (1)8　(2)7
(3)8　(4)6
(5)5　(6)8
(7)9　(8)5
(9)9　(10)2

3 (1)8 つ
(2)7 ほん

指導の手引き ▶

1 (1)は元の数を 10 と「いくつ」に分ける方法です。ひく数は 10 からひいて，「いくつ」を合わせます。
(2)はひく数を「元の数の一の位の数」と「残り」に分ける方法です。先に「元の数の一の位の数」をひいて 10 をつくり，「残り」をひくと答えになります。
どちらの方法にも習熟しておくことが計算力・暗算力の向上に役立ちます。

2 繰り下がりのある計算の仕上げ練習です。解法を意識せずに答えが出せる段階に到達しているのが目標です。

3 白いばらの本数で花束の数が決まってしまうことに気づくかどうかがポイントです。筆記具などで 15 本と 8 本の 2 種類から 1 本ずつとるという操作をすれば，余る数がひき算で出せることがわかります。

標準レベル 37 ひきざん (3)

☑解答

❶ 5(左から) 8 10 7 14 12
10(左から) 3 5 2 9 7

❷ (1)4 (2)5
(3)7 (4)3
(5)13 (6)15
(7)11 (8)12

❸ (1)9 (2)10 (3)11 (4)9

❹ (しき) 14 − 8 = 6
(こたえ) 6さい

❺ (しき) 14 − 9 = 5
(こたえ) 5まい

指導の手引き

❶ 表による計算です。上の段から左の数をひきますが，慣れるまで指で数の位置を押さえながら「13 ひく 5 は」と読み上げるようにしましょう。
ここで，繰り下がらずに 10 が残る計算が出てきます。まず「15 − 5」で 10 が残り，「19 − 5」で繰り下がらないケースと出会います。形式的には 33 ページ❸の 10 以上の数と 1 桁の数をたす計算の逆で，一の位の数のひき算でよいことを理解します。
下段は 10 をひく計算です。一の位の数が残ることに興味を持てば難しくないのですが，理解が進まないようならおはじきか 10 円玉・1 円玉を使って 10 を取り去ることの意味をつかませましょう。

❷ 逆算です。ここでは式の意味を文章的に読み取って逆算の式をつくることを考えます。
(2)11 から□をひくと 6 → 6 と□を合わせると 11 →□は「11 − 6」で求められます。
(5)□から 8 をひくと 5 → 5 と 8 を合わせると□ →□は「5 + 8」で求められます。

上級レベル 38 ひきざん (3)

☑解答

❶ 7(左から) 8 11 7 12 9
10(左から) 8 4 9 10 6

❷ (1)9 (2)7
(3)12 (4)16
(5)5 (6)18

❸ (1)8 (2)11
(3)11 (4)1
(5)4 (6)10

❹ (しき) 16 − 9 = 7
(こたえ) 7こ

❺ (れい)
とまとが 7こ と，りんごが 11こ あります。
どちらが なんこ(いくつ)おおい ですか。

指導の手引き

❷ 式の意味を理解したうえで，逆算の式をつくることを目標とします。□の位置が
・「−」の後ろならひき算の式
・「−」の前ならたし算の式
となる点が重要です。式の意味をことばに置き換えて表現する，おはじきなどで具体化するなどで完全に理解できるまで，ねばり強く練習しましょう。

❹ 「からすが 3 わ」は柿の実の数とは関係がなく，式に出てきません。3 をどう使うのか判断がつかないようであれば，まず何を求めるのかを読み取らせ，必要な情報を文章の中から抜き出して○で囲むなどの工夫をしてみましょう。

❺ 〔おおい〕だけではひき算の問題とは言えないので，数に着目するように説明しましょう。

標準レベル 39 たしざんと ひきざん (2)

☑解答

❶ (1)6 (2)12
(3)12 (4)11
(5)8 (6)2
(7)11 (8)10

❷ (しき) 12 − 5 + 8 = 15
(こたえ) 15 にん

❸ (しき) 7 + 4 + 5 = 16
(こたえ) 16 にん

❹ (しき) 9 + 7 − 6 = 10
(こたえ) 10 こ

指導の手引き

❶ 3 つの数の計算です。ひき算が入ると入れ替えには注意を要します。ここでは前から順に計算することを徹底し，確実に計算ができることを目標とします。
難しく感じている様子が見受けられるときは，前 2 つの計算の結果を式の途中(下など)に書き込むように助言するのが有効です。このとき，小さい字で控えめに書くのではなく，元の数字(印刷されている活字)と同じ大きさではっきり書き入れることが大切です。小さいメモ書きは計算ミスの元で，検算するときにも役立ちません。

❷❸❹ 文章の流れに沿って 3 つの数の計算の式をつくる問題です。「おりる＝ひく」「もらう＝たす」など，ひとつひとつの文の意味から，たす・ひくの判断をして，1 つの式で表すことができるようにします。

☑解答

1 (1)3　(2)15
(3)11　(4)16
(5)10　(6)10
(7)6　(8)6

2 (1)5　(2)8
(3)18　(4)16

3 (1)12 こ
(2)3 こ
(3)1 こ

4 (しき) 5 + 7 + 7 − 3 = 16
(こたえ) 16 こ

指導の手引き

2 逆算ですが，数が 3 つ以上になると形式的に式をつくるのが格段に難しくなります。38 ページで単純に式をつくる練習をしましたが，ここでは式の意味を多角的にとらえることに主眼を置きます。
例えば，(2) 9 + □ − 5 = 12　では前から順に計算した経験を逆にたどって，「最後に 5 をひくと 12 になった」ことに着目させます。→「5 をひく前は 17」→「9 と □ をたすと 17」という要領でたどります。

3 61 ページから学ぶ「せいりの　しかた」の内容を一部先取りしています。この問題では，まず種類ごとにチェックを入れてもれなく数えあげる作業が必要です。その結果をどこかにメモしておくなど，自分の行動を問題の解決に役立てる能力を培うことをねらいとしています。
困っている様子であれば，この流れに沿って，少しずつ助言していきます。
○ 5，△ 7，● 8，▲ 5
(3)白 12・青 13 より，ちがいは 1 こです。○と▲が同数なので△と●を比べるだけでも答えが出せます。

41　最上級レベル ❺

☑解答

1 (1)(大きい□) 13，(小さい□) 4，3
(2)(大きい□) 12，(小さい□) 6，2
(3)11　(4)16

2 (1)①(左から) 5　8
②(左から) 6　4　8
(2)①(左から) 1　6
②(左から) 2　7　3
(3)7　(4)9

3 (1)17　(2)15
(3)18　(4)16
(5)12　(6)3

4 (しき) 4 + 7 = 11
(こたえ) 11 まい

5 (しき) 5 + 5 + 4 = 14
(こたえ) 14 ひき

指導の手引き

29 ～ 40 ページの復習問題です。小 1 算数前半の重要単元である「繰り上がり・繰り下がりのある計算」を仕上げます。合わせて，3 数以上の計算・逆算・式の読み取りなど，計算の基礎をしっかり固めましょう。

5 問題文中には数字が 2 つしかありませんが，1 つにまとめた式をつくると数字が 3 つ必要です。
「文章中の数を○で囲って，その数だけで式をつくる。」だけでは解決しない問題で，文章の意味の読み取りが重要です。
わからないときは，「わたし」と「あに」の前に金魚を入れる袋を描いて，その中に金魚を問題にあう数までかき入れるとよいでしょう。

42　最上級レベル ❻

☑解答

1 (1)12　(2)18
(3)17　(4)18
(5)11　(6)5
(7)8　(8)10

2 (1)15　(2)19
(3)11　(4)12
(5)6　(6)6

3 (1)6　(2)7
(3)15　(4)16
(5)5
(6)5
(7)8

4 (しき) 3 + 3 + 2 + 7 = 15
(こたえ) 15 こ

指導の手引き

3 2 数と 3 数の逆算が混じった問題です。
3 数の問題で格段に遅くなる様子であれば，40 ページ**2**の指導の手引きの内容に沿ってもう一度練習しましょう。
(5) 6 + 8 − □ = 9
前から順に計算できるところは先に計算します。
「6 + 8 = 14」→「14 から □ をひくと 9」
(6) 8 + □ − 6 = 7
「最後に 6 をひくと 7 になる」→「6 をひく前は 13」
→「8 と □ をたすと 13」

4 41 ページ**5**の類題です。いちごが残っているので，式には 4 つの数が出てきます。文章から式をつくることは本来面白い作業です。文章題と身構えず，算数では長い文章を 1 つの式ですませられることを伝えましょう。

標準 レベル 43　いろいろな　かたち (1)

☑解答

❶
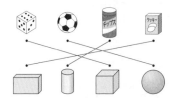

❷
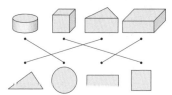

❸ (1)ウ
　(2)オ
　(3)イ，オ
　(4)ア
　(5)エ
　(6)ア，ウ，エ，オ

指導の手引き

❶ 身のまわりの物の形を立方体・直方体・球・円柱・三角柱などの代表的な立体図形に見立てます。
いろいろな物や道具をスイッチや取り出し口などの出っ張りや丸みにはこだわらず，図形として「どれにいちばん近いか」という見方でとらえる練習をしましょう。

❷ 積み木の面の形に注目します。特に，真上から見た形を把握・区別することが重要です。ここでは下の段の「さんかく」「まる」「ましかく」は真上から見た形ですが，「ながしかく」だけは「はこのかたち」を真正面から見た形です。真上から見ても「ながしかく」ですが，解答の「はこのかたち」の奥行きの関係から，もう少し縦が長いながしかくに見えます。

上級 レベル 44　いろいろな　かたち (1)

☑解答

❶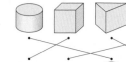
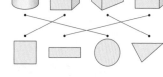

❷ (左から)
　まる，ましかく，さんかく，ながしかく

❸ (1)エ　(2)オ
　(3)エ　(4)オ　(5)ア
　(6)ア　(7)イ　(8)ウ

指導の手引き

❶ 積み木を真上から見た形を判別する問題です。ここで出てくる4つの平面図形「さんかく」「まる」「ましかく」「ながしかく」の用語を確実に覚えるようにします。
三角柱・円柱は向きを変えて置くと真上から見た形が変わります。

❷ 実際に紙の上に立体を置いて，形をうつしとってみましょう。直方体は置く向きによって形の異なる「ながしかく」になり，三角柱は側面を下にして置くと「ながしかく」がうつしとれることを体験させると，理解が深まります。

❸ 4つの「ながしかく」を，その大きさ・辺の長さに着目してどの図形に含まれるのか区別できるようにしましょう。
(3)が三角柱の側面であることは特に注意します。

標準 レベル 45　いろいろな　かたち (2)

☑解答

❶ (1)ウ，ク
　(2)エ，オ，キ
　(3)ア，イ，コ，サ
　(4)カ，ケ，シ

❷ (1)7こ
　(2)15こ
　(3)12こ
　(4)12こ
　(5)12こ
　(6)19こ

❸ (1)2こ
　(2)9こ

指導の手引き

❶ 4つの平面図形「さんかく」「まる」「ましかく」「ながしかく」に仲間分けする問題です。図形の向きや傾きは図形の仲間分けには関係がないことを確認します。
「まる」と「さんかく」は形で分類できますが，「ながしかく」と「ましかく」はとなりあう辺の長さが異なるか同じかに着目することが必要です。

❷ 見えない部分を想像することで立体感覚をつかみ，同時に紙に表現された立体の特徴を理解する問題です。
(4)(6)のような複雑な問題では，1段目，2段目，…と横に切って階層ごとに考えるとつかみやすくなります。また，真上から見た様子をイメージし，見えている「ましかく」の下にそれぞれ何個の積み木があるか考えることもできます。わかりにくいときは，実際の積み木を問題と同じかたちに積んでみることも非常に有効です。

☑解答

1. (1)ましかく (2)まる
   (3)ながしかく (4)さんかく
2. (1)ウ (2)ア, ク
   (3)イ, エ (4)オ, カ, キ
3. (1)10こ (2)17こ (3)17こ
4. (1)ア, イ, エ (2)ウ, エ

指導の手引き

1. 46 ページでは, 問題文中に 4 つの平面図形の名前「さんかく」「まる」「ましかく」「ながしかく」が出てきません。確実に覚えていることを確認しましょう。

3. 45 ページ②の類題です。ますめに 1 段目, 2 段目, 3 段目…と階層ごとの積み木の配列を描いてみると見方がよくわかります。

(2)1 段目　2 段目　3 段目

また, 真上から見た図(1 段目と同じ)に,「ましかく」の下にそれぞれ何個の積み木が積まれているか数える方法も有効です。

(3)
4	3	2
3	1	1
2	1	

4. 積み木からうつしとれる形をイメージする問題です。
(2)の細い「ながしかく」が, 三角柱の側面であることに気づくかどうかがポイントです。
実際の積み木から形を紙にうつしとって, 積み木の面の形に着目してみましょう。

☑解答

1. (1)□
   ○
   (2)○
   □
2. (1)13こ (2)9こ (3)12こ (4)10こ
3. (1)2
   3
   1
   (2)1
   2
   3
4. アとオ, ウとカ

指導の手引き

量を測定する最初の単元です。直接比較のほか, ますめや目盛り, 図形の幅などを 1 単位として「いくつぶん」で長さを比べます。長さの単位(cm など)は 1 年では使いません。

1. まっすぐなものは端をそろえることで直接比べます。曲がっているもの・ギザ状のものは, 両端がそろっていることを確認してから「遠回り」の感覚で判断させます。実際にテープやひもにうつしとって比べることも有効です。

2. 単位とする長さを数えて, それが長さを表すことを理解する問題です。数の大小がそのまま長さに反映します。

3. (1)いちばん上の線を基準にして, 2 番目は短い・3 番目は長いことを確認して序列化します。ものを比べる有効な手段なので, しっかり定着させましょう。

☑解答

1. 1
   2
   4
   3
2. (1)8こ (2)12こ (3)11こ
   (4)9こ (5)8こ (6)14こ
3. (1)3
   1
   2
   (2)2
   1
   3
4. イとエ, ウとオ

指導の手引き

1. 両端が全部そろっているので, 遠回りするほど長くなることを理解させます。2 番目と 4 番目の判断がつきにくいときは, 糸を張って比べるのが有効です。

2. 目盛りを数えます。一定の数の区切りやチェックを入れて, 正確に数えられるように工夫します。

3. (1)太さのちがいは考えず, 端を右にそろえたようすをイメージします。
(2)いちばん上の線を基準にします。2 番目は長く 3 番目は短いことから序列化します。

4. 目盛りを数えて, テープの長さがいくつ分かを調べます。目盛りを数え間違えないよう, 丁寧に数えさせましょう。

標準レベル 49　ながさくらべ (2)

☑解答

❶ (1)ア，オ
(2)13
(3)カ
(4)3
(5)イ

❷ (1)15こ
(2)オ
(3)イとカ
(4)1こ
(5)6こ

指導の手引き

測定した長さをもとにして，大小(長短)の判定や比較をする問題です。考え方は数の問題と同じです。

❶ 48ページ❷と同じように，等しい間隔の目盛りを単位として数えます。2年で1cmのいくつ分で長さを測定することを学習しますが，その基本となる考え方です。
重ねて長さの違いを調べたり，継ぎ足して長い線をつくったりする操作が数のひき算やたし算に対応していることを身につけます。

❷ ○を単位として長さを測定し比較する問題です。
(1)でアの長さを測り，(2)を求める過程でイ～カのすべての長さを測定することになります。図の近くに結果(○の数)を書きとめておくと(3)以下の問題を効率的に解決することができます。
(4)と(5)はどちらも測定した数値のひき算で求めます。

上級レベル 50　ながさくらべ (2)

☑解答

❶ (1)オ
(2)アとカ
(3)3つ
(4)3つ

❷ (1)イ
(2)ウ
(3)エ
(4)イとオ

指導の手引き

❶ ますめの縦横が同じ長さであることを確認して，たどったますめの辺の数が長さを表していることを理解しましょう。数えた辺の数(長さ)を記号の近くに書きとめておくことが自発的にできるようにしましょう。

❷ 重ねたり目盛りを数えることで長さをとらえることから一歩進んだ問題です。木の太さと巻きつけた回数が両方とも長さに関係することを理解する必要があります。
実際に工作物を用意して実験するのがいちばんですが，(1)(2)からアとウの比較は直感的にできるようにしましょう。
(4)は「答えが出ないのはどれとどれをくらべたときか」という，これまでの経験では解けない設問です。
まず，1対1の比較を繰り返して「ア＜イ＜ウ＜エ」と「ア＜オ＜ウ＜エ」が確定できることを理解させましょう。
その上でイとオについては判断の基準となる「巻き数」「木の太さ」がどちらも異なっていることから，長短を判断できる材料がないことをつかませます。
逆にいえば，判定には厳密な基準(1つだけが異なっていて他は全部そろっている)が必要という，数学・科学に不可欠な考え方の第一歩を経験することができます。

標準レベル 51　ひろさくらべ

☑解答

❶ (1)○ □
(2)□ ○

❷ (1)ふみや
(2)なつみ

❸ (1)ア
(2)イ
(3)イ

指導の手引き

❶ ますめを数えて「ひろさ」をとらえる問題です。
「ながさくらべ」の経験から単純に測定した数のひき算で判断できますが，(1)は重ねたときに，はみ出る部分を数えやすい形状で，はみ出るますめが多いほうが広いことを確認するとよいでしょう。

❸ (1)は畳状の「ながしかく」を1単位とみて数えあげる問題です。実際に部屋の広さは畳の数で表現する場合があることに関心を持たせるとよいでしょう。
(2)「ながしかく」は「さんかく」2つ分のひろさですが，そこにふれなくても「ながしかく」はどちらにも1つずつあることから，「さんかく」の数だけで広い狭いが判断できることに着目させます。作業としては「ながしかく」「さんかく」の順で1対1でチェックを入れていき，イのほうに「さんかく」が1つ残ることで判断するとよいでしょう。

☑解答

1 ③　②　①

2 ⑴14（こ）
　　⑵4（つ）

3 （左から）イ　2

4 ⑴7つ
　　⑵8つ

指導の手引き

51ページでは広いほうを判定するために「ますめを数える」「1対1でチェックする」ことを学びましたが，ここでは数えたますめの数を活用して広さの序列化をしたり，ちがい（差）を求めることを身につけます。

1 3つの比較なので，ますめを数える方法が効果的です。もれなく数えあげるために，チェックを入れる，10に到達したら数えたところに仕切り線を入れる，斜線を引くなどの工夫をしましょう。

4 広さの単位として設定されている〔ア〕のかぎ型のます目を，向きを変えるなどして〔イ〕のます目に敷きつめる作業をします。
実際にはかぎ型のます目を図〔イ〕にすきまができないようにかき込んでいきます。
どこから埋めるか判断がつかないようであれば，ます目1つだけ突き出ているところ（⑴は右辺，⑵は左下）からかき込んでいけばよいでしょう。

☑解答

1 ⑴イ
　　⑵ア
　　⑶エ

2 ⑴〇　□
　　⑵〇　□

3 ④　②　③　①

指導の手引き

1 「かさくらべ」でもながさくらべ・ひろさくらべと同じ考え方で，コップ1杯分などを単位として大小を比べることができます。

2 「つつのかたち」のかさを比べます。
⑴同じ幅（正しくは底面積ですが，幅・太さ程度の表現にとどめます）なら高さでかさを比較できます。
⑵高さが同じであれば，幅でかさの大小が決まります。とらえ方としては50ページ **2** の木にひもを巻きつける問題と通じるものがあります。

3 一度に判断するのは難しい問題です。
1対1で比較して「高さ」「幅」について同じか，ちがうかを確認します。
下の図のイの扱いに迷うようであれば，「イとウ」「イとエ」をそれぞれ1対1で比較して序列化します。

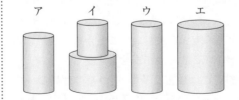

☑解答

1 ①　③　②

2 ⑴ウ
　　⑵イ

3 ⑴エ
　　⑵カ
　　⑶オ
　　⑷エ

指導の手引き

2 アとオ以外は1年生にとっては学校で習う範囲外の形ですが，高さがそろっていることから1対1で水がより多く入りそうなほうを決めていきます。「ウはふくらんでいるからアより大きい」のように，直感でとらえることを試します。
「ウ＞ア」「ア＞エ」「エ＞イ」「エ＞オ」は個別に理由が説明できるようにしましょう。
⑵イとオについて，どちらもエより小さいことが判断できますが，イとオを直接比べることはできません。
設問の「いちばん　ちいさな　いれものは　オ」という条件（情報）を得て，イの序列が決められることになります。一見不自然な条件設定ですが，中学入試ではときおり見られる表現です。

3 コップを単位としてかさを比較する問題です。
⑵「アのふたつぶん」→2はい＋2はいで4はい分であることをつかみます。
⑶「イのはんぶん」→6ぱいを2つに分けます。
わり算の考え方によらず具体物を操作することでいくつかに分ける問題は103・104ページで学びますが，ここでは「3と3をあわせると6」の逆ととらえる程度に扱います。

55 最上級レベル ⑦

☑解答

1 (1)ア
(2)エ
(3)イ
(4)ア　オ
(5)ウとオ

2 アとカ
ウとエ

3 (1)○　□
(2)○　□

指導の手引き
図形と量の範囲のまとめ問題です。

1 (4)オの上の面が「ましかく」であることを見つけます。判断の補強材料として，消去法でエは可能性0，イ・ウは可能性がほぼ無いことに着目させます。逆説的に「イ・ウからましかくのかたちをうつしとれないか？」と問いかけて検討させるとよいでしょう。
(5)ウとオの横の面(右の影をつけたながしかく)が重なります。イからうつしとれる3つの長方形の形・ウからうつしとれる3つの長方形の形・オからうつしとれる1つの長方形の形(大きさや辺の長さ)をイメージさせましょう。

2 目盛りの数をしっかり数えます。斜めに配置してありますが，向きは長さには関係がないことを理解します。目盛りを数えた結果は図の右の余白などにわかりやすくメモしておきましょう。

56 最上級レベル ⑧

☑解答

1 (1)16こ
(2)20こ
(3)17こ

2 エとオ

3 (1)4はい
(2)2はい
(3)イとウ

指導の手引き

1 階層ごとにじっくり数えます。
上に積み木があるところはその下にも必ず積み木があることに着目します。

2 ながさを題材にしていますが，実際は「4，7，9，3，12」の5つの数のうち2つをたす計算を考えることになります。つなぎ方は全部で

ア＋イ＝4+7=11　　　ア＋ウ＝4+9=13
ア＋エ＝4+3=7　　　ア＋オ＝4+12=16
イ＋ウ＝7+9=16　　　イ＋エ＝7+3=10
イ＋オ＝7+12=19　　　ウ＋エ＝9+3=12
ウ＋オ＝9+12=21　　　エ＋オ＝3+12=15

の10通りです。この中で，15になるのは，エとオのときです。わかりにくければ，クリップを用意してつないでみるとよいでしょう。

3 (2)の操作のあとには，イに4はい，ウに6ぱい，エに2はいぶんの水が入っています。

標準レベル 57 かたちづくり (1)

☑解答

1 (1)ア，カ，キ
(2)イ，エ，ク
(3)ウ，エ

2
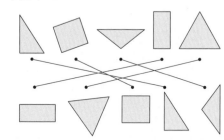

3 (1)16本
(2)17本

指導の手引き

1 三角形の仲間分けをします。小1算数では「さんかく」という用語だけを習いますが，特徴による分類もできるようにしておきましょう。
辺の長さに着目して「正三角形」「二等辺三角形」，1つの角に着目して「直角三角形」を選びだします。直角はノートなどのかどを用いて調べさせるとよいでしょう。
また，エ「直角二等辺三角形」は(2)と(3)どちらにも該当することに注意します。

2 向きを変えて置いた形を選ぶ問題です。拡大コピーをとって上側の5つの図形を切り抜き，下側に重ねてみると理解がしやすくなります。このとき，切り抜いた図形を裏返すと，重なるものと重ならないものに分かれます。裏返しても重なる形と重ならない形では何がちがうのか，図形の特徴を観察させるとよいでしょう。

3 棒にチェックを入れながら数えあげます。

解答

1 (1)ウ，オ
(2)ウ，オ，キ
(3)ア，カ
(4)ア，ウ，オ，カ
(5)ア，ウ，オ，カ，キ

2 (1)キ
(2)ク
(3)オ
(4)イ

指導の手引き

1 四角形の仲間分けをします。小1算数では「ましかく」「ながしかく」「しかく」という用語を覚えておきましょう。この問題では台形・ひし形・平行四辺形も図示しています。
(1)(3)は「ましかく」「ながしかく」そのものを選ぶことを求めていますが，(2)(4)はその特徴にあてはまる図形をすべて選び出す必要があり，難易度が高い問題です。
(5)2つに折ると重なる形は，裏返したとき元の図形と重なります。

2 辺の長さを観察します。
(1)二等辺三角形で，長さが等しい2辺が他の辺より長いものを選びます。
(2)(3)長方形と平行四辺形を候補として検討します。短いほうの等辺から選び分けます。(2)(3)の長さの棒をつかって長方形でも平行四辺形でもない四角形をつくることもできます。
(4)2つの「ましかく」がどちらも合わない
→他の図形を観察する
という流れが合理的です。

解答

1 (1)ア，イ，ウ
(2)ア1まい，イ4まい，ウ2まい，
　エ1まい
(3)ア1まい，イ2まい，ウ2まい

2 (1)4まい
(2)5まい
(3)8まい

3 (1)
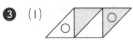

(2)

(3)
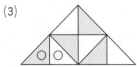

指導の手引き

1 (2)(3)問題のパーツごとにア〜エのどれを使っているかを調べます。判別できたら，同じ形ごとにまとめてチェックを入れ，その数を「ア2」「イ8」のように図形の近くに書き留めます。
大きめの字ではっきりメモしましょう。
最後にチェックがついていないパーツがないか確認します。

2 正三角形は並べ方が規則的なので，仕切り線を考える練習に適しています。
60ページ**1**でも出題しています。

3 問題の上下を観察して「動いていない図形のかたまり」を見つけて線で囲み，動かした図形を考えます。

解答

1 (1) (2)
(3)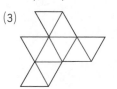 (4)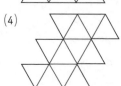

2 (1)8まい
(2)9まい
(3)8まい
(4)8まい

3 (1)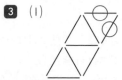 (2)

指導の手引き

1 外周で2辺が出ている（突き出ている）ところから仕切りを入れます。入れた線を新たな外周と考えると，次の仕切りが見えてきます。

2 (4)×
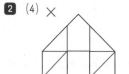

3 上下の図を観察して，まとまって動いていないところを見つけます。一方の図の向きを変えずにずらして重ねるようにイメージすると，重ならずにはみ出る部分が浮かび上がってきます。

標準 レベル61 せいりの しかた (1)

☑解答

❶

りんご　いちご

❷ (1)

(2)(　△　　◯□　　■　　▲　)

指導の手引き

❶ 資料を整理してわかりやすく表す問題です。

１つのりんごの絵にチェックを入れて◯を１つ塗るという作業を繰り返します。

最後に絵と◯の総数を突き合わせて，数え落としがないことを確認します。絵の総数はりんごといちごを区別しないで数えます。「に，し，ろく，はち…」あるいは５個ずつ線で囲うなどの方法で，速く正確に数えられるようにしましょう。

上級 レベル62 せいりの しかた (1)

☑解答

❶ (1)

いちご	◯◯◯◯◯◯◯
りんご	◯◯◯◯◯◯◯◯
みかん	◯◯◯◯◯◯◯◯◯
バナナ	◯◯◯◯◯
ぶどう	◯
もも	◯◯◯◯◯◯◯
すいか	◯◯◯

(2)

いちご	りんご	みかん	バナナ	ぶどう	もも	すいか
7	8	9	5	1	7	3

(3)みかん　(4)りんご

(5)ぶどう，すいか

(6)(れい)・いちごと ももを かいた 人の
　　かずが おなじです。
　・いちごと ももを かいた 人は
　　(どちらも)7人です。
　・バナナを かいた 人は ５人です。
　・ぶどうを かいた 人は １人しか
　　いません。

指導の手引き

❶ 表やグラフを使って，整理した資料を活用する問題です。(2)の数字の表と元の絵を比べると，(3)以降の問題を考えるとき，どちらが適しているか実感できます。

(6)は(3)(4)(5)の内容以外で整理した資料からわかったことを書いていれば正解です。

例の「ぶどうを かいた ひとは １人しか いません。」は(5)と関係のある内容ですが，「１人」と具体的な数値を書いているので正解とします。

標準 レベル63 せいりの しかた (2)

☑解答

❶ (1)6 かい目

(2)

ほのか	◯◯◯◯◯ ◯◯◯
さとし	◯◯◯◯◯ ◯◯◯ ◯◯◯
ふみや	◯◯◯◯◯ ◯◯
かおる	◯◯◯◯◯ ◯◯◯

(3)13 かい

(4)ふみや

(5)4 かい

指導の手引き

❶ (2)ほのかさんの資料の△の数とグラフの◯の数が一致することを確かめることから始めましょう。

ほのかさんから１人ずつ△を数え，その数を表左端の名前の横に大きな字で書き留めたら，ほのかさんのグラフにならって３人のグラフをかき入れます。

(3)(2)でかいたグラフから求めます。

(4)「うらが出た回数がいちばん多い」を言い換えると，「おもてが出た回数がいちばん少ない」です。

×を数えなくても答えが出せることを納得させましょう。

(5)元の資料に書き留めた数を利用します。

また，(2)から，さとしさんとふみやさんのグラフの長さの差(目盛りの数のちがい)を読みとることでも求められます。

☑解答

1 ⑴

○	○	○	○
8月	9月	10月	11月

⑵

3月	4月	5月	6月
5	6	4	3

⑶4月

⑷3人

⑸3人

⑹はるに　生まれた　人が　4人　おおい

指導の手引き

1　資料の整理を終えて作成した〔表〕と〔グラフ〕を解析する問題です。

まず，表とグラフが同じ資料をもとにして作られたものであることを確認します。1月，2月，7月，12月の欄が一致しています。次に空欄を他方のデータをつかって埋め，表とグラフを完成させましょう。

⑸「ほかに」の意味を理解しましょう。

⑹春・秋ごとに合計する作業を求められています。これを問題文からつかみとれるように，文をいくつかに分けて読み取りましょう。

☑解答

1 ⑴3じ

⑵10じ

⑶2じはん（2じ30ぷん）

⑷7じ20ぷん

⑸4じ35ふん

⑹9じ50ぷん

2 ⑴12じすぎ

⑵10じまえ

3 ⑴1じ15ふん

　　（1じかんあと）2じ15ふん

⑵9じ20ぷん

　　（1じかんあと）10じ20ぷん

⑶7じ45ふん

　　（1じかんあと）8じ45ふん

4　2かい

指導の手引き

時刻を正しく読み取ります。時間の経過と針の動きの関係を観察するために，時計を用意しましょう。

正時と半のほか，5分単位の読み取りを目標とします。

半時の表記は「7じはん」「7じ30ぷん」どちらでも構いません。

たびたび間違う場合は，短針→長針の順にその役割とまわり方を実物の時計を使って習得させましょう。

2　長針が「12」に近い位置にあるときの表現です。

いろいろな時刻で読み取らせて定着させましょう。

3　1時間経過しても「分」は変わらないことを確認します。

☑解答

1 ⑴7じ

⑵9じはん（9じ30ぷん）

⑶1じ20ぷん

⑷8じ47ふん

⑸11じ17ふん

⑹5じ55ふん

2 ⑴11じまえ

⑵5じはん　より　まえ

3 ⑴10じ5ふん

　　（1じかんあと）11じ5ふん

⑵4じ10ぷん

　　（3じかんあと）7じ10ぷん

⑶6じ34ぷん

　　（10じかんあと）4じ34ぷん

4　2じ10ぷんより　あと

指導の手引き

1分単位の読み取りのほか，1時間進む間の短針の動き方について理解を深めます。

小さい目盛りは長針の1分ごとの動きを表すほか，短針が12分ごとに指す位置でもあります。1年の内容では12分ごとの動きには触れませんが，0分からの時間の経過とともに短針が少しずつ進むことを実物の時計を使って確かめましょう。

4　実際に2時から針が重なる時刻まで長針を動かしてみます。ここでは2時10分から2時15分の間に重なることを理解できれば十分です。

標準レベル 67 とけい ⑵

☑解答

❶ (1) (2)
(3) (4)

❷ (1) (2) (3)

❸ １じかん

❹ (1) (2) (3)

❺ (1)２じ 55 ふん (2)１１じ 50 ぷん
(3)10 じ 15 ふん (4)7 じ 30 ぷん
(5)12 じ 55 ふん

指導の手引き

　指示された時刻の時計の針の位置を表します。長針は５分単位，短針は正時と半の位置を正しく表すことを目標にします。

❷ ⑵⑶は，半の短針の位置をかき入れます。８時半の場合，８と９のちょうど真ん中にかき入れます。小さい目盛りとの関係には触れなくて結構です。

❺ 文章から何時何分に直せないときは，時計を正時にあわせ，長針を５分前，10 分後などの時刻に動かしてみます。「まえ」のときは時間が繰り下がることを理解しましょう。

上級レベル 68 とけい ⑵

☑解答

❶ (1) (2) (3)

(4) (5) (6)

❷ (1) (2) (3)

❸ ２じかん

❹ (1)4 じ
(2)7 じ

指導の手引き

❶ ⑷～⑹短針の動きを扱います。

⑸１時と１時半の間であれば正解とします。はっきり１時または１時半の位置にかき入れているときは，時計を使って確認させましょう。

⑹８時半と９時の間であれば正解とします。以降の問題も「正時」「半」以外はその間にあれば正解とします。

❸ 時計の表示から経過時間を考えます。長針が変わらないことから短針だけで判断します。

❹ 時間に関する文章題です。文章の内容から，時間を進める・戻すの判断ができるようにします。

69 最上級レベル ⑨

☑解答

❶ (1)エ (2)ク (3)カ (4)ア

❷ (1) (2) (3)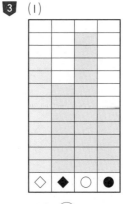

❸ (1)

(2)(　◇　◆　○　●　)
(3)6 つ

指導の手引き

❶ 消去法が有効です。

⑵４本の辺の長さが３種類あることから，候補はアとクに絞られます。ほかの選択肢について，答えにあてはまらない理由を聞いてみましょう。辺の長さを検討して，クが正解と判断できます。

⑶等しい辺が２組あるので，候補はイとカです。短い辺の長さから，カが正解と判断できます。見慣れている長方形を選んでしまいがちですので，辺の長さをしっかり確認するように注意します。

⑷⑵同様，候補はアとクだけです。アは平行でない辺の長さが等しい等脚台形ですが，上底と脚の長さも等しいので３辺の長さが等しくなっています。

70 最上級レベル 10

1 (1)
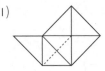

正方形のところは破線の向きに置くこともできます。

(2)
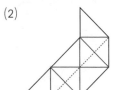

(3)
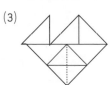

（いたの　かず）
(1)6　(2)8　(3)7

2 (1)10 じ 10 ぷん　(2)4 じ 55 ふん
(3)10 じ 38 ふん　(4)9 じ 15 ふん

3 (1)1 かい
(2)1 じ 40 ぷんより　まえ

指導の手引き

1 (3)いちばん下の三角形は，時計回りに 45°向きを変えて置きます。
60 ページ **2**(4)の類題です。

2 (2)(3)わかりにくいときは，自分で簡単な時計の絵をかくか，ほかの問題の（70 ページでは **3** の絵）時計の絵を利用して，針をかき入れて視覚的に補って考えます。

3 (2)短針が「1」と「2」の間を進むので，長針が反対側の「7」と「8」の間を進むときに直線状になります。
「8」は 40 分の位置なので，1 時 35 分から 40 分までの間です。

標準レベル 71 大きい　かず (1)

1 (1)47　(2)33
(3)26　(4)34

2 (1)77　(2)64
(3)70　(4)79
(5)80　(6)100

3 (1)85 円
(2)42 円

4 (1)74，64，49
(2)80，78，58

指導の手引き

100 までの数を学びます。十の位の数を 2 ～ 9 まで拡張し，その延長で百の位の数を導入します。次の単元の「かずのならびかた」と連動して無理なく吸収できる 120 程度までの数について扱い，豊かな数の感覚を養うことを目標とします。

1 (4)ばらの 14 個が十の位の数を 1 繰り上げることを理解します。理解しづらければ，14 個のうち 10 個をまとめ「10 が 3 つと 1 が 4 つ」と見るようにします。

2 20 までの数と同様に，まず十の位の数でおおまかに大小を判定できることを確認します。100 は(6)で初出ですが，ここでは 100 はどの 2 桁の数よりも大きな数という感覚でとらえます。

3 (2)12 個の 1 円玉は「10 個で 10 円とあと 2 円」ととらえさせます。

4 **2** と同様に，十の位の数で大小を判定します。

上級レベル 72 大きい　かず (1)

1 (1)74
(2)67

2 (1)29
(2)81
(3)90
(4)100

3 (1)68
(2)87

4 (1)46
(2)73
(3)55
(4)1

指導の手引き

1 工夫して数える技能を磨きます。ここまで数がふえると，1 対 1 対応や「いち，に，さん，…」式では対応できません。(1)で 10 のまとまりで容易に数えることができることを知り，(2)で 10 のまとまりを探す・自分で作るように工夫します。
豆知識として，1 + 2 + 3 + 4 = 10　を活用すると時間短縮できる機会が少なからずあります。

3 5 のまとまりと 2 のまとまりができています。これを利用します。
(1)5 のまとまりが 2 つで 10 です。2 つずつ囲って，10 のまとまりを作っていきます。
(2)2 のまとまりが 5 つで 10 です。5 つずつ囲んでいきます。

4 文章から数がイメージしづらい様子であれば，10 円玉と 1 円玉を使って考えるようにしましょう。

標準 レベル 73 大きい かず (2)

☑解答

❶ (1)68　(2)40
　(3)70　(4)38
　(5)90　(6)50

❷ (1)73円　(2)50円

❸ (1)(左から) 68, 70, 71
　(2)(左から) 31, 30, 27
　(3)(左から) 78, 82, 86
　(4)(左から) 52, 48, 46

❹ (1)3　(2)8
　(3)30　(4)10
　(5)20　(6)10

指導の手引き

❶ 基準の数からどのくらい大きいか小さいかを，十の位の数と一の位の数の操作によって表します。
10の単位で大きいか小さいかは十の位の数だけ操作すればよいことを理解しましょう。

❷ たし算ではなく，10円がいくつ，1円がいくつ，…と数えます。5円は2個セットで，または1個と1円5個と合わせて10円をつくります。この段階では2桁の数どうしの計算は未習です。
(1)1円玉を5個と3個に分けて，「5円玉1個と1円玉5個で10円」とします。
(2)5円玉を2個と1個に分けて，2個で10円，残り1個は1円玉5個と合わせます。

❹ ひき算ではなく，数の並び方の知識と一の位と十の位の数のちがいで，2つの数がどのくらい離れているか考えます。

上級 レベル 74 大きい かず (2)

☑解答

❶ (1)20
　(2)89
　(3)77
　(4)66

❷ (1)(左から) 30, 40, 45
　(2)(左から) 32, 48, 52
　(3)(左から) 19, 23, 27
　(4)(左から) 84, 81, 72

❸ (1)72
　(2)8

❹ (1)76と66と56
　(2)55と57と56
　(3)75と76と77
　(4)55と47と57と56
　(じゅんばんが　いれかわっていてもせいかいです。)

指導の手引き

❶ (2)100より10小さい数は90。さらに1小さい数で89となります。(4)も同様に考えます。
(3)書き出せばひと目でわかります。
[74]-75-76-[77]-78-79-[80]
数を書き出すことで，数の並び方や離れている度合いなどの量感や距離感を視覚的にとらえることができます。手を動かしてみましょう。

❷ (4)間の数を全部書き出します。
[87]-86-85-[84]-83-82-[81]-80-79-[78]-77-76-[75]-74-73-[72]
86と85が最初の横線に隠れている数です。

標準 レベル 75 かずの ならびかた

☑解答

❶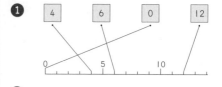

❷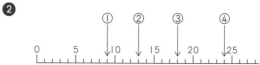

❸ (1)
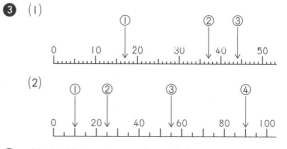
(2)

❹ (左から) 7, 25, 43, 58

指導の手引き

数の並び方を「長さ」で視覚的にとらえます。
まず，右に進めば大きくなり，左に進むと小さくなることを理解させましょう。

❶ 目盛りが「いち，に，さん，…」と対応しています。

❸ (1)5の目盛りを活用します。5から左に進むと4，3，…，右に進むと6，7，…と位置を速く判断できます。
(2)1刻みの目盛りがない数直線に初めて出会います。
「隠れている数」「5が2つで10」という経験から，0と20の間の目盛りに対応する数を考えさせます。
最初の機会ですので，残りの目盛りにも数字を入れてみましょう。

☑解答

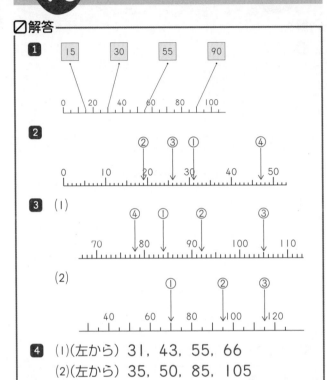

1 15　30　55　90

2 （図）

3 (1)（図）

(2)（図）

4 (1)（左から）31，43，55，66

(2)（左から）35，50，85，105

指導の手引き

3 起点の0がない数直線です。

どんな数直線でも右側に大きい数がはみ出して(隠れて)います。この場合は左側にもはみ出して(隠れて)いる数があるということを理解するようにします。

1 2 の数直線の左側を手で隠して，見える部分だけが描かれていると説明できます。

右側には100より大きい数があります。とまどう様子でしたら，「105は100より5大きい」ので，100の目盛りから右に5進むことで位置取りをさせます。

☑解答

1 (1)35

(2)44

(3)70

2 (1)17　(2)86

(3)11　(4)88

(5)50　(6)90

3 (1)37

(2)(じゅんに)　3，3，50，57

(3)88

(4)67

4 (1)19　(2)27

(3)29　(4)58

(5)75　(6)29

指導の手引き

今回から5ページ連続で「2桁の数と1桁の数」「2桁の数と2桁の数」のたし算とひき算を学習します。計算技能をハイレベルで習得することによって，これからの算数学習をより円滑・効率的に進めることができます。計算は基礎体力にあたるものです。しっかりトレーニングを積みましょう。

1 3 には位ごとに計算することを意識するための図が載せてあります。

十の位・一の位を別々に計算して結果を合わせます。この範囲のたし算とひき算に共通のルールです。なお，1年生では，2桁の数同士で繰り上がり・繰り下がりのある計算は扱いません。

☑解答

1 (1)(左から)　36，37，30，39，50

(2)(左から)　77，75，79，73，78

2 (1)45　(2)92

(3)48　(4)90

(5)80　(6)46

(7)46　(8)63

3 (しき)　62 + 6 = 68

(こたえ)　68 ページ

4 (しき)　20 + 8 = 28

(こたえ)　28 本

5 (しき)　31 + 6 + 2 = 39

(こたえ)　39 だい

指導の手引き

77・78ページで学ぶ計算は，次の通りです。

・「2桁の数 + 1桁の数」では一の位の数の計算だけで完結するもの。(例)32 + 5

・「2桁の数 + 2桁の数」では両方とも10単位の数(一の位が0)のもの。(例)40 + 50

いずれも，十の位の数と一の位の数を別々にみるという原則通りに計算します。

40 + 50　のように10単位の数どうしの計算の場合は，実質的に1桁の数どうしの計算 4 + 5 になります。必要な位だけを考えればよい計算は千，万，……と位が大きくなるほど機会が多くなります。最後の0の付け忘れや二重書きに注意して，しっかり習得しましょう。

標準レベル 79 大きい かずの たしざん (2)

☑解答

❶ (1)(じゅんに) 8, 8, 78
  (2)(じゅんに) 6, 6, 66

❷ (1)86　(2)96
  (3)25　(4)75
  (5)74　(6)97

❸ (1)(じゅんに) 20, 10, 20
  (2)79

❹ (1)40　(2)50
  (3)37　(4)108
  (5)39　(6)90
  (7)26　(8)56

指導の手引き

79・80 ページで新たに学ぶ計算は，次の通りです。
・「2 桁の数＋1 桁の数」で，一の位の数の計算の結果が
　10 となるもの。(例)32 ＋ 8
・「2 桁の数＋2 桁の数」で，繰り上がりのないもの。
　(例)43 ＋ 56

「十の位の数と一の位の数を別々に」という原則通りに計
算しますが，例示した 32 ＋ 8 の計算では 2 ＋ 8 の
結果の 10 を保留していた 2 桁の数の部分 30 と合わ
せて，答えは 40 となります。
2 年以降で学ぶ繰り上がりのある 2 桁の数・3 桁の数
の複雑な計算への助走として重要な事柄ですので，しっ
かり理解できるまで練習しましょう。
どの計算も 10 円玉と 1 円玉を使って説明できるので，
ミスの度合いに応じて，ここに戻ってゆっくり確認しな
がら進めましょう。

上級レベル 80 大きい かずの たしざん (2)

☑解答

❶
	7	20	56	40	22
40	47	60	96	80	62
12	19	32	68	52	34
30	37	50	86	70	52
23	30	43	79	63	45

❷ (しき) 42 ＋ 27 ＝ 69
  (こたえ) 69 こ

❸ (1)88　(2)99
  (3)50　(4)60
  (5)90　(6)48

❹ (1)85 円
  (2)ゆうさんが　1 円　おおい

指導の手引き

❶ 縦横表による反復練習です。指で押さえることと数字
の読み上げを励行して，確実に計算しましょう。

❸ 3 つの数の計算では，原則通り前から順に計算します。
(5)今回の学習範囲を超えた出題です。
前から順に計算すると，76 ＋ 14 ＝　となります。
原則通りに計算すると十の位は 80，一の位は 10 とな
ります。並行して学習している『「2 桁の数＋1 桁の数」
で一の位の数の計算の結果が 10 になる場合』の経験を
応用すると，「合わせて 90」が導かれます。

❹ 「式をつくる→答えを出す」から一歩進め，問題を解決
する手順を自分で見つけることを狙いとしています。
(2)ゆうさんが払った代金を求めて，(1)の答えと比べます。
わからないときは，まず「ゆうさんの払った代金は？」と
問いかけることで，段階的に誘導します。

標準レベル 81 大きい かずの ひきざん (1)

☑解答

❶ (1)50
  (2)10
  (3)5

❷ (1)(左から) 7, 23
  (2)(左から) 50, 8, 52
  (3)(左から) 5, 4, 91
  (4)(左から) 40, 40

❸ (1)(左から) 4, 34
  (2)(左から) 70, 20, 51
  (3)(左から) 40, 5, 45
  (4)(左から) 60, 6

❹ (1)20　(2)32
  (3)72　(4)24
  (5)22　(6)80
  (7)6　(8)26

指導の手引き

2 桁の数のひき算を学習します。
81・82 ページで学ぶ計算は，次の通りです。
・「2 桁の数－1 桁の数」では一の位の数の計算だけで完
　結するもの。(例)49 － 7　36 － 6
・「2 桁の数－2 桁の数」では後ろのひかれる数が 10 単
　位の数(一の位が 0)のもの。(例)76 － 50
十の位の数と一の位の数を別々にみるという原則通りに
計算します。
前の数を十の位の数と一の位の数に分け，どちらか一方
から後ろの数をひきます。
36 － 6 のように一の位が 0 となる場合の 0 のつけ忘
れには十分注意します。

上級 レベル 82 大きい かずの ひきざん (1)

☑解答

1. (1)(左から) 50, 52, 53, 28, 8
   (2)(左から) 57, 93, 7, 90, 27

2. (1)80　(2)20
   (3)26　(4)5
   (5)81　(6)19

3. (1)102　(2)100
   (3)43　(4)110
   (5)100　(6)101

4. (しき) 86 − 80 = 6
   (こたえ) 6人

5. (しき) 75 − 5 − 30 = 40
   (こたえ) 40こ

指導の手引き

10円玉と1円玉を並べ，ひく数と同じ数の硬貨を取り除くことで説明すると，十の位の数と一の位の数を別個に計算する操作を実感できます。

3. 100 より大きい数の計算です。
(3) 103 − 60
103 を 100 と 3 に分けます。
100 − 60 の計算になじめないようであれば，10 が 10 集まって 100 であることを確認して，十円玉 10 個から 6 個を取り除くことを考えます。
(4) 117 − 7
117 を 110 と 7 に分けます。
110 がそのまま残ることを確認しましょう。
(5) 120 − 20 から直接 100 残ることを理解しましょう。
残る数が見えにくいようであれば，120 を 100 と 20 に分けて考えてみます。

83 最上級 レベル ⑪

☑解答

1. (1)60こ
   (2)68こ

2.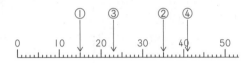

3. (1)33　(2)54　(3)80　(4)48
   (5)3　(6)36　(7)39　(8)44
   (9)103　(10)50

4. (しき) 30 + 45 − 20 = 55
   (こたえ) 55円

指導の手引き

1. (1) 5 の列がそのまま見えるので，近くにある 2 つの列を組みにして 10 をつくります。線で結ぶ，曲線で囲むなど工夫して 10 を数えやすくします。
(2)「5 のかたまり」を線で囲います。

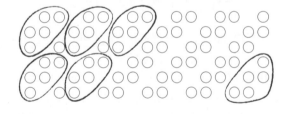

4. 1 つの式をつくります。「まさきさんより 20 円少ないお金をはらう」の意味がとりにくいので，過程を分けて，「まさきさんの払った代金 = 75 円 を出し，それより 20 円少ない代金」と考えても構いません。
答えの式を書くときに，あらためて 3 つの数をひとつの式を使って表せるように，考えた順序を整理しておきます。

84 最上級 レベル ⑫

☑解答

1. (1)55　(2)10
   (3)66　(4)30

2. (1)(左から) 33, 53, 73
   (2)(左から) 79, 70, 64
   (3)(左から) 19, 23, 27
   (4)(左から) 32, 30, 26, 22

3. (1)6　(2)2

4. (左から) 54, 78, 87

5. 6人

指導の手引き

1. (3)「52 より 14 大きい数」と読み替えます。簡単な数直線を描くと「52 の位置から右に 14」と視覚的に理解が深まります。
(4)簡単な数直線を描いて，「20」「25」の位置から考えます。

3. (1)「5 円玉 2 こと 1 円玉 5 こ」を先に合わせて 15 円。75 円からひいた残りの 60 円が，10 円玉の金額です。
(2)「10 円玉 6 ことと 5 円玉 5 こ」より 85 円。5 円玉は 2 個で 10 円です。

5. 数字が 6 こ出てきます。これまでに解いた文章題で最多かもしれません。
まず「おとな」と「こども」に分けて，別々に考えます。おとなの数 18，7，15 を○で囲み，こどもの数 14，4，10 を□で囲うなどの工夫をします。
それぞれ計算して，結果の数を使ってあらためてひき算をします。解答では式を書くことを求めていませんので，1 つの式を組み立てる必要はありません。

標準レベル 85 大きい かずの ひきざん (2)

☑解答

❶ (1)30
(2)(じゅんに) 4, 7, 4, 33

❷ (1)22 (2)21 (3)17 (4)25

❸ (1)44 (2)50 (3)20 (4)54
(5)4 (6)5 (7)40 (8)54
(9)112 (10)108
(11)104 (12)100

❹ (しき) 65 - 42 = 23
(こたえ) 23円

指導の手引き

81・82 ページに続いて 2 桁の数のひき算を学習します。85・86 ページでは，繰り下がりのない「2 桁の数 - 2 桁の数」の計算を扱います。
「十の位・一の位を別々に」の原則通りで計算できますが，位ごとにひき算した結果の数が 0 になる場合，100 より大きい数の計算では空位の桁の 0 に細心の注意を払わせて下さい。

$$54 - 24$$

⑩⑩⑩⑩⑩ - ⑩⑩
①①①① - ①①①①

❸ (10) 118 - 10
前の数を 100 と 18 に分け，18 - 10 を計算します。残った 100 と 8 をあわせて 108 となりますが，十の位に 0 が入ることを確認させましょう。
(12) 119 - 19
前の数を 100 と 19 に分けます。空位の桁の 0 をたびたび間違う場合は，100 円・10 円・1 円硬貨を用いて式を表し，「+」「-」を硬貨を追加する・取る操作で確かめながら十の位・一の位の数を確認させましょう。

上級レベル 86 大きい かずの ひきざん (2)

☑解答

❶ (1)(左から) 70, 36, 50, 32, 46, 4
(2)(左から) 59, 60, 42, 0, 32, 3

❷ (1)16 (2)60
(3)64 (4)106
(5)100 (6)102

❸ (しき) 48 - 31 = 17
(こたえ) 左の バスが 17人 おおい

❹ (1)89 本
(2)1 くみが 15 本 おおい
(3)1 くみが 12 本 おおい

指導の手引き

❶ 計算にある程度習熟した段階で，表形式の計算練習を取り入れると効果的です。表形式の出題では計算量の確保のほか，計算速度の向上と暗算で計算できる数の範囲を増やす効果が期待できます。

❹ 長文の文章題です。小問ごとに答えを導くために必要な数を文中から抜き出せるように，しっかり読み取ります。赤い花の数を□で，白い花の数を○で囲むなど工夫をさせましょう。
(3)(1)の結果を利用して，2 組の花の総数 77 本をひきます。
別の解き方として(2)の結果を利用すると計算そのものは簡単です。白い花は 1 組 30 本，2 組 33 本で 2 組のほうが 3 本多いことがわかります。(2)より赤い花は 1 組が 15 本多いことがわかっているので，1 組が総数で 12 本多いという結論を導くことができます。
頭の体操として面白い題材ですので，興味を持つように図をかいてみせるとよいでしょう。

標準レベル 87 大きい かずの けいさん

☑解答

❶ (1)47 (2)84 (3)57 (4)61
(5)52 (6)40 (7)100 (8)102
(9)42 (10)30

❷ (1)53 (2)40
(3)33 (4)58

❸ (しき) 95 - 40 = 55
(こたえ) 55人

❹ (1)15 まい
(2)67 まい
(3)97 まい

指導の手引き

❶ たし算とひき算の混合問題です。前回までで 1 年算数の計算範囲のすべての項目を学習しています。87 〜 90 ページと 95・96 ページは計算の総仕上げで，計算力の定着とさらなる向上を図ります。

❷ 逆算です。数値が大きいので，形式的に逆算の式をつくるのが効果的です。(2)と(4)のひき算の式で区別がきちんとつけられることを確認します。
(2)90 - 50 (4)38 + 20

❹ (2)赤 45 枚と青 22 枚 → 45 + 22 = 67(枚)
(3)カードの総数を求めます。問題文からあらためて式をつくるときは，文章の順番通り赤・白・青の順に数字を書き出して，
45 + 30 + 22 = 97(枚)
別の考え方としては，(2)の結果を利用すると，白の枚数を(2)の結果の「67 枚」に加えればよいことになり，問題文「白い カードが 30 まい」から，暗算で 97 枚と導くことができます。検算するときには両方の解き方で計算し，解答の正確さを増すように工夫させましょう。

上級 レベル 88　大きい　かずの　けいさん

☑解答

❶

	10	5	21	14
14	24	19	35	28
40	50	45	61	54
31	41	36	52	45

❷ (1)57 ページ　(2)31 ページ

❸ (1)35 こ　(2)37 こ　(3)85 こ
(4)さんかくの　かたちが　11こ　おおい

指導の手引き

❶ 表中の左列と上段の空欄(黒く塗った部分)を逆算で求めます。たて，横の数と表中のたし算で求めた数を見くらべて，どの欄の数字を使えばよいか判断します。
左列 31 は 41−10 または 36 − 5，上段 14 は 54 − 40 で求められます。

❸ (1)図の記号を直接数えるときは，1 列の並びが 10 個で区切られていることを利用します。○と△を一緒に数えて「3 列と○ 5 個」で 35 個となります。
(2)○と●の合計を求めて，15 + 22 = 37(個)
(3)単純に式をつくると，15+28+22+20＝85(個)
前 2 項の計算が 2 桁の数の繰り上がりのある計算(未習)なので，ここでは工夫して求めます。
●と▲の合計を求めると，28 + 22 = 50
これに(1)の結果をあわせて，50 + 35 = 85(個)
これは，上の計算式で中ほどの 28 + 22 を先に計算して 50 をつくることに対応しています。
(4)△と▲の合計は，20 + 28 = 48
ここから(2)の結果をひいて，48 − 37 = 11(個)
図から直接差を求める場合は，○●と▲△を比べることを確認して，まず○と▲ 1 列，●と△ 2 列を消します。
残った○●と▲を数えると，▲が 11 個残ります。

標準 レベル 89　いろいろな　けいさん

☑解答

❶ (1)14　(2)18　(3)7　(4)4
(5)15　(6)7　(7)2　(8)2

❷ (1)5　(2)4

❸ (1)+　(2)+　(3)−
(4)(左から) +，+　(5)(左から) +，−
(6)(左から) −，+

❹ (しき) 16 − 7 − 3 + 5 = 11
(こたえ) 11 人

指導の手引き

❶ 3 つ以上の数の計算です。基本は前から順に計算します。計算練習を積んで数の特徴が見えてくると，いろいろな計算の工夫ができるようになります。
(4)式を観察します。先頭の 10 と後ろの− 5 − 5 の部分を先に計算すると 0 になります。これを打ち消し(相殺)のイメージで「無くなる部分」ととらえると，残りの 4 がそのまま答えになることがわかります。
(7)最初の 2 がそのまま答えになるわけを考えてみましょう。
(8)6 と 4 が 10 を分けた 2 数のペアであることに気づけば，〔7 − 5〕の部分だけを計算すればよいことがわかります。

❸ 計算するのではなく，＋−のうち問題に合うほうを選ぶ問題です。(1)～(3)は答えが左の数より大きくなったか，小さくなったかで判断できます。
(5)は 16 と 12 を比べて必ずひき算が入ることをおさえ，− 3 − 7 はひき過ぎ，− 3 + 7 では 16 から大きくなってしまうことを考えます。
(6)必ずたし算が入ります。＋ 4 ＋12 はたし過ぎ，＋ 4 − 12 では小さくなってしまいます。

上級 レベル 90　いろいろな　けいさん

☑解答

❶ (1)19　(2)10　(3)3
(4)96　(5)50　(6)43

❷ (左から)
(1)+，−　(2)+，−
(3)−，+　(4)−，+

❸ (1)(1つ目の　しき)
33 + 20 = 53
(2つ目の　しき)
79 − 53 = 26
(こたえ) 26 人
(2)(1つに　まとめた　しき)
79 − 33 − 20 = 26
(こたえ) 26 人

指導の手引き

❷ 左辺と右辺の数を観察して，左右をつり合わせることで数の大小感覚や量感を養う問題です。
(1)左端の 10 と右辺の 9 を比べて，必ずひき算が入ることをおさえます。
− 7 + 8 では(10 から)1 大きくなり，
+ 7 − 8 では(10 から)1 小さくなります。
(3)左端 14 と右辺 16 より，必ずたし算が入ります。
+ 5 + 7 では 16 を超え，+ 5 − 7 では 2 小さくなります。実際に計算するのではなく，+・− の操作で数がどのように変化するかを考えて答えを出すようにしましょう。

❸ 3 つの数の計算や立式はすでに自在にできる段階ですが，ここでは文章題を読み取り，指示されたとおりに式をつくる・数を操作することを主題としています。

標準レベル 91　ずを つかった もんだい (1)

☑解答

❶ (1)赤い 花，白い 花
(2)(左から) かだんの 花，白い 花
(3)(左から) かだんの 花，赤い 花

❷ (1)5　(2)13
(3)8　(4)5

❸ (1)たべた みかんの かず
(2)
| はじめの みかんの かず | − | のこりの みかんの かず |
(3)6

指導の手引き

テープ図（箱状の図）と線分図を学習する単元です。
複雑な文章題を整理して解決する方法として有効です。
ここではやさしい文章題を題材に，テープ図と線分図の
表し方と意味を知ることを目標とします。

❶ 図を式に置き換えます。この式は計算の結果を表す式
ではなく，ある数を他の数をつかって表す，文章をその
まま＋，−，＝を使って置き換えた式です。
たし算・ひき算の関係を考えながら言葉を埋めさせま
しょう。
分からないときは，仮の数字を設定してどの数とどの数
をたす（ひく）関係になっているかを確認させます。その
後，言葉に置き換えることで関係をみるようにします。

❸ 問題文で数を設定していますが，言葉の関係から考え
て，最終的に線分図で数を表します。テープ図と線分図
は表現が異なるだけで，同じことを表す図です。

上級レベル 92　ずを つかった もんだい (1)

☑解答

❶ (1)(左から) 7，19
(2)(左から) 19，7
(3)(左から) 19，7

❷ (1)7　(2)10
(3)4

❸ (1)13　(2)4
(3)6　(4)5

❹ (上の □) 25　(下の □) 12

指導の手引き

❶ 91ページの内容を単純化して，たし算・ひき算の関係
だけを抜き出しています。
解答欄に数「12」を書き込んでしまうときは，式の意味に
ついての理解が不足しているところがあると考えられます。

❷❸ 線分図・テープ図に示された数の関係から，虫く
い部分の数を求める練習です。
たし算・ひき算の選択を誤らないように数の関係を確認
しながら進めましょう。

❹ 文章から読み取った内容を線分図で表現する練習です。
「おはじきを25こもっていました。おにいさんから5
こ もらい」→おはじきが25個から30個になったこ
とをイメージします。線分図では25と5を横に並べ
て数が増えたことを表すことを確認します。
「いもうとになんこかあげると のこりが12こに」
→30個のおはじきを2つに分けることをイメージし
ます。線分の上下で合計の数が等しくなることから，◆
と12個に分けたことを線分図で表す方法を理解させま
しょう。

標準レベル 93　ずを つかった もんだい (2)

☑解答

❶ (1)(上の □) 14　(下の □) 36
(2)(左から) 36，14
(3)22 だい

❷ (1)21　(2)10

❸ (1)

(2)(左から) 78，45

指導の手引き

❶ (1)はるきさんのミニカーの数「14」と，ひろさんのミ
ニカーの数「◆」を合わせるので，線分図では横に並べま
す。合わせた結果「36」が同じ長さになるので，上下反
対側に書き入れることで分かりやすく表現します。
(2)線分図をもとに，つり合いの関係から◆を求める式を
つくります。この線分図をもとにした自由解答とすると，
さまざまな式がつくれます。
14 ＋◆＝ 36，36 − 14 ＝◆，36 −◆＝ 14
14 ＝ 36 −◆，36 ＝ 14 ＋◆

❷ (1)12 ＋ 16 − 7 ＝ 21
次の方法でも求められます。
12 − 7 ＝ 5，5 ＋ 16 ＝ 21
この式ではどのように図を見ているか，考えさせましょ
う。

❸ 複雑な文章題ほど，数の関係をつかむのに線分図を使
うと効果的です。線分に数を書き入れるときは，文章の
流れに沿って左上から数を置きます。
たし算の関係にある2つ以上の数は横に並び，ひき算
の関係にある数・たし算の結果を表す数は横線をはさん
で上下反対側にあります。

上級レベル94 ずを つかった もんだい (2)

☑解答

❶ (1)7 (2)20

❷ (1)(上の □) 15

　　(下の □) 6, 6

　(2)3 こ

❸ (1)(上の □) 9

　　(下の □) 3

　(2)◆＋◆＋2＋3＝8＋9

　(3)6 こ

指導の手引き

❷ アメの数「15」とその中から配る「6」はたし算の関係にならず，残りの数を求めるときにはひき算の関係になります。

(2)残りをまた1こずつ配るので，線分図の下には「6」「6」「◆」が並びます。

❸ (1)おはじきの数を整理します。

8…ともさんが持っている

9…さゆみさんが持っている

これを「いっしょにして」配ります。

◆…ともさんの弟にあげる

◆＋2…さゆみさんの妹にあげる

3…残ったおはじき

(2)この式は，＝の左側(左辺)は線分の下側の数の合計，＝の右側(右辺)の8＋9ははじめに持っていたおはじきの数で線分の上側を表しています。

(3)◆2つ分は，8＋9－2－3＝12

12を等分して6と6となります。

わり算によらず具体物の数を作業によって分けることは103・104ページで学習します。

標準レベル95 けいさん とっくん

☑解答

❶

	6	8	3	7	10	5	11
5	11	13	8	12	15	10	16
8	14	16	11	15	18	13	19
1	7	9	4	8	11	6	12
10	16	18	13	17	20	15	21
3	9	11	6	10	13	8	14
6	12	14	9	13	16	11	17
0	6	8	3	7	10	5	11
9	15	17	12	16	19	14	20
2	8	10	5	9	12	7	13
7	13	15	10	14	17	12	18
11	17	19	14	18	21	16	22
4	10	12	7	11	14	9	15

❷

	2	5	7	4	9	6
12	10	7	5	8	3	6
9	7	4	2	5	0	3
13	11	8	6	9	4	7
10	8	5	3	6	1	4
18	16	13	11	14	9	12

❸ (1)(左から) 20, 24

　(2)(左から) 27, 24, 21

　(3)(左から) 20, 32

　(4)(左から) 16, 21, 31

指導の手引き

❶❷ 20までの数の範囲の計算練習です。一部の答えに20より大きい数を含みます。

繰り上がり・繰り下がりの計算が正確にできているか，速く正確に計算できる力がついているかに注意して，計算力をチェックさせましょう。

上級レベル96 けいさん とっくん

☑解答

❶

	24	5	40	43	11	32
54	78	59	94	97	65	86
32	56	37	72	75	43	64
41	65	46	81	84	52	73
50	74	55	90	93	61	82
13	37	18	53	56	24	45

❷

	8	11	7	12	9	13
18	10	7	11	6	9	5
15	7	4	8	3	6	2
13	5	2	6	1	4	0
19	11	8	12	7	10	6
16	8	5	9	4	7	3

❸ 86 こ

❹ (1)(左から) 24, 42

　(2)(左から) 17, 26, 29

　(3)(左から) 32, 27, 22

　(4)(左から) 15, 29

指導の手引き

❶❷ 1年生後半の計算です。2桁の数どうしの計算を正確にできるように練習しましょう。

❸ 10のまとまりをすばやく見つけるようにします。2×5の形をできるだけ多くとり，残りのますめを数えます。

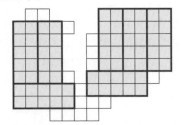

97 最上級レベル ⑬

☑解答

1 (1)30　(2)22
　　(3)3　(4)90
　　(5)43　(6)40

2 21 さつ

3 (1)13　(2)12

4 青

5 (1)(上の □) 5
　　（下の □) 12
　　(2)17 まい

指導の手引き

1 一部の問題に見間違いやすい数値を選んでいます。確実に計算しましょう。

2 今日は 12 + 3 = 15(冊)売れたことをおさえます。1 つの式にまとめると
48 − 12 − 12 − 3 = 21　となります。
数の関係を読み取りやすい題材なので，線分図に表すことにチャレンジしてみましょう。

4 折り紙の色に注意が必要です。2 人の持っている赤い折り紙をたしても，青がいちばん多くなっています。

5 問題文は「24 枚から何枚か使ったあとで 5 枚もらうと 12 枚になった」という順に書かれています。「24 枚持っていて，5 枚もらって，何枚か使うと 12 枚になった」と読み替えるとわかりやすくなります。
5 枚もらう前は 7 枚だったので，使った切手は 24 枚から 7 枚をひいて 17 枚と考えることもできますが，24 − 7 の計算は未習です。

98 最上級レベル ⑭

☑解答

1 (1)34　(2)14
　　(3)50　(4)62

2 (1)4　(2)6　(3)16

3 (左から) (1)+，−　(2)−，+

4 (1)41　(2)(左から) 4，4

5 (1)(左から) 6，3
　　(2)17 こ

指導の手引き

1 比較的大きな 2 つの数の計算の逆算です。逆算の式をつくってもとめます。
(1) 76 − 42　　(2) 25 − 11
(3) 72 − 22　　(4) 31 + 31

2 3 つの数の計算の逆算です。
(1)(2)前の 2 つの数を先に計算します。
(3)4 をたして答えが 16 となるので，たす前は 12。
28 から□をひいて 12 になるので，28 − 12 = 16

3 (1)最初の数の 14 と結果の 15 を比べて，たし算が必ず入ります。
(2)も同様です。12 と 15 を比べて，たし算，ひき算のどちらが必ず入るか考えます。数のバランスを考えて +−を決めます。

4 (2)7 + 12 − 11 = 8
□ 2 つ分の数が 8 なので，8 を等しい 2 つの数に分けます。

5 お姉さんが食べた栗の数が「6 + 2」であることを文章から読み取ります。これを計算して 8 個とせずに，数直線で [6] [2] の 2 つの数のまま表すことに注意します。

標準レベル 99 もんだいの　かんがえかた ⑴

☑解答

1 (れい)

2 (1)(れい)

　　(2)(れい)

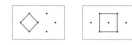

指導の手引き

❶❷とも，解答例の図形とかく位置，向きが異なっている場合も正解です。異なる位置にかいている場合には「回すと重なる場合」と「裏返して重なる場合」がありますが，どちらも正解とします。
同じ形を 2 つ(以上)かいているときはかき落とした形があるので，確認する必要があります。

❷ (2)点を選ぶ位置を「上の列から 2 つ，中の列から 2 つ」「上の列から 2 つ，中の列から 1 つ，下の列から 1 つ」「上の列から 2 つ，下の列から 2 つ」「上の列から 1 つ，中の列から 2 つ，下の列から 1 つ」などのように場合に分けて考えます。上と下の列は上下を入れ替えると区別ができないので，上下を入れ替えた同じ形には注意を払います。

☑解答

1 ⑴(れい)

⑵(れい)　　　⑶下の　8つのうち　4つ

2 ⑴(れい)　　　　　　　⑵(れい)

⑶(れい)

指導の手引き

1 ⑶99ページ2で例示したような凹四角形(へこみのある形,180°より大きい内角を含むもの)は除いて考えるように指導して下さい。

2 ⑴となり合う点を選ぶようにします。
⑵できるだけ離れた位置にある点を選びます。
広さの定量は一年生では未習ですので,三角形の広さについては「ますめの正方形の半分」程度の説明で留めるようにします。

☑解答

1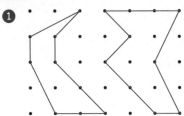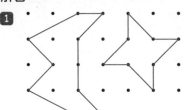

2 ⑴29こ　⑵30こ　⑶31こ

3 ⑴イ
⑵アとエ

4 ⑴7まい　⑵10まい

指導の手引き

1 線の長さ・傾き(向き)をよく見て点の結び方を考えます。短い線から描いていきます。描き終えたら,元の絵と重なるかどうか確かめます。

2 45ページ・46ページの発展問題です。
下または上の段から数えるほか,縦に区切って数える方法もあります。
⑴は縦に区切った場合,左から11・6・6・6と積まれています。

3 左上の1つの「かど」に○などの印をつけて,そこから線(辺)を回る向きを決めて数えていきます。かどで折れ曲がるごとに「1,2,3…」と声を出し確認しながら,始めの印をつけたかどに戻るまでもれのないように数えます。「線の数」を問う問題なので,線の長い・短いは関係ありません。

4 59ページ・60ページの類題です。仕切り線を入れてみましょう。

☑解答

1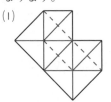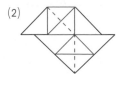

2 ⑴10まい
⑵8まい

3 ⑴ウ
⑵キ
⑶かさなります

指導の手引き

1 かどの位置や線の長さ・向きをよく見て点を結びます。左の図のすべてのかどに大きめの「・」を打つと,点の並びが見えやすくなります。

2 60ページの類題です。敷きつめると下の図のようになります。
⑴　　　　　　　⑵

3 同じ形の平行四辺形では,長い辺を横に置いたとき,左に傾いているか右に傾いているかで重なるかどうか区別できます。同じ側に傾いているものは回すと重なり,反対側に傾いているものは裏返しの関係になっています。

標準レベル 103 もんだいの かんがえかた (3)

☑ **解答**

❶ (1)2つ (2)4つ (3)3つ
(4)6つ (5)エ

❷ (1)6人 (2)4人 (3)2こ

❸ 5人

指導の手引き

　具体物を作業によって等分します。わり算ではなく，同じ数ずつ取り分けていくなどの動作を繰り返して分けていきます。繰り返した回数でいくつに分けられたか，あるいは等分された具体物の個数を考えます。

❶ (1)ウの4個の○をアと同じ数(2個)ずつ取り分けて(区切って)いきます。2回繰り返すので，アを2つ集めるとウと同じになります。
(2)エの12個の○をイと同じ数(3個)ずつ取り分けます。4回繰り返すので，イを4つ集めるとエと同じになります。
(3)は(1)や(2)と同様に，エをウと同じ数(4個)ずつ取り分けます。
(5)2+2+2+3+3=12　でエの数と同じです。エをア3つとイ2つに取り分けられることを確かめましょう。

❷ 絵を区切るなどの作業で取り分けていきます。
(1)みかんの絵を2個ずつ区切ります。
(2)3個ずつ区切ります。かぎ形でも横並びで3個でも構いません。手の動きが滞りがちなようでしたら，絵に線をかき入れることをためらわないように，まずはかいてみることを指導して下さい。

❸ 鉛筆の絵を2本ずつ区切っていきます。

上級レベル 104 もんだいの かんがえかた (3)

☑ **解答**

❶ (1)4つ
(2)5つ
(3)ウ
(4)3
(5)ア…2つ　イ…1つ　ウ…1つ

❷ 3つ

❸ 3つ

指導の手引き

　103ページと同様に，同じ数ずつに取り分けて考えます。

❶ (4)まずエからアの3つ分を取ります。残った9個からイと同じ数(3個)ずつ取り分けます。
(5)ア，イ，ウをいずれも「かならずひとつはつなぐ」ので，まずエからア・イ・ウをひとつずつ取り分けます。
15－2－3－8＝2
残った2個はアと同じ数なので，ア2つ・イ1つ・ウ1つでエを全部取り分けられます。

❷ りんごの絵を4つずつ区切ります。

❸ ひき算を繰り返すことで残りを求めます。
11－4＝7
(4人にひとつずつ配ると7個残る→4個より多い)
11－4－4＝3(配れない残り)
お子さまが，もし7つと答えたら，「もう配れないかな」とフォローしましょう。

標準レベル 105 もんだいの かんがえかた (4)★

☑ **解答**

❶ (1)白
(2)青，赤，白
　　青，白，赤
(3)2とおり
(4)6とおり

❷ (1)あや，かよ，さつき
　　あや，さつき，かよ
(2)あや，さつき，かよ
　　さつき，あや，かよ
(3)4とおり

❸ 6とおり

指導の手引き

　順列・組み合わせの内容ですが，計算によらず考えられる場合を全部書き出します。もれなく書き出す作業を通して，注意力・集中力・工夫する力・法則性を見つけ出す力を高めます。

❶ 全部で6通りの並べ方があります。
(赤，白，青) (赤，青，白)
(青，赤，白) (青，白，赤)
(白，赤，青) (白，青，赤)
左にどの色を選んでも2通りの並び方があることが分かります。
(3)は(2)の青が白に変わるだけで，同じ考え方で2通りあることがわかります。

❷ (3)は，(1)，(2)の答えにかかわらず，あらためてまん中にさつきさんがこない場合をすべて書き出すようにします。

❸ ❶のおはじきの並べ方と同じて，全部で6通りのぬりわけ方があります。

☑解答

1　(1) 1と　3
　　(2) 1と　4
　　　　2と　3
　　(3) 3と　4

2　(1) アメと　ケーキ
　　　　アメと　クッキー
　　　　アメと　せんべい
　　(2) 3とおり
　　(3) 10とおり

指導の手引き

1　選んだ 2 つの数の和についての設問なので，組み合わせの考え方です。左から右に，2 つを弓なりの線で結ぶ作業を繰り返して数えあげます。
　　1と2
　　1と3
　　1と4
　　2と3
　　2と4
　　3と4
全部で 6 通りの選び方があります。

2　(2) ケーキとクッキーを一時的に斜線などで消して，残り 3 つから 2 つを選び出します。
(3) [アメ]を先に選んで 4 通り。
問題文の注意書き通り（くりとアメ）を除外して，[くり]を先に選んで 3 通り。
選び出すとき，先に選んだものより右側からもうひとつを選ぶようにして重複を避けます。
同じように，[ケーキ]で 2 通り，
　　　　　　[クッキー]で 1 通り。
全部で 4 + 3 + 2 + 1 = 10（通り）の選び方があります。

156

☑解答

1　(1), (3)

	1	2	3	4	5	6	7	8	9	10
ゆう	0	3	0	3	2	0	3	3	0	
ふみ	3	0	3	0	2	3	0	0	3	

(2) 14 てん
(4) (れい)
　　ふみさんが　出したのは〔1〕か〔2〕
　　10 かいめに　ゆうさんが　かち，ふみさんが　まけたから。

指導の手引き

1　長文から条件や作業のルールを読み取る問題です。
設定を大きく 2 段階に分けてとらえます。
勝負のルールは，
「目の数が大きいほうが勝ち」
点数の計算では，
「勝ちは 3 点」「同数は 2 点」「負けは 0 点」

(1) 勝った方のさいころを○で囲み，点数表の対応するところに「3」，相手に「0」を書き入れます。
(3) 8 回までにならって，さいころの絵（数）と点数を記入します。
(4) 9 回までのゆうさんの点数は 14 点。10 回の勝負の後 17 点になったことから，10 回目はゆうさんが勝ったことが分かります。
ゆうさんは〔3〕の目を出して勝ったので，負けたふみさんは〔1〕〔2〕どちらかを出しています。

☑解答

1　(1)

	1	2	3	4	5	6	7	8	9	10
ゆい	0	2	3	5	2	3	0	0		
こう	5	2	0	0	2	0	3	5		
るり	0	2	3	0	2	3	3	0		

(2) 15 てん
(3) ゆいさん，18 てん
(4) ゆいさん…パー
　　るりさん…チョキ

指導の手引き

1　点数のルールが複雑なので，しっかり読みとることが必要です。
「1 人だけ勝ち = 5 点」
「2 人が勝ち = 3 点」
「あいこ = 2 点」

(3) 8 回までにならって空欄に記入します。

(4) 情報を整理します。
9 回目までで，
「ゆい = 18 点，こう = 17 点，るり = 16 点」
10 回目の後で，こうさんが優勝，ゆいさんが最少得点なので，10 回目にゆいさんはこうさん，るりさんの 2 人に負けたことが分かります。
ここまで一度に読み取れなくても，10 回目にこうさんが勝ちゆいさんが負けたことは確実なので，
「こうさんが 1 人だけ勝ち」
「こうさんとるりさんの 2 人が勝ち」
の 2 通りあることに気づくことがポイントです。

標準レベル 109 もんだいの かんがえかた (6)★

☑解答

❶ (1)4人
(2)8人
(3)12人
(4)7人
(5)15人
(6)(れい)
　かん字テストが　4てんで
　けいさんテストが　8てん　だった　人

指導の手引き

相関表の問題です。ここでは，表の意味を知ることと，条件に合うよう表から資料を選び出せることを目標とします。

	けいさんテスト					
		0	2	4	6	8	10
かん字テスト	0		1人				
	2		1人				
	4	1人	3人	1人		2人	1人
	6			5人	3人	4人	
	8				1人	6人	
	10				1人	3人	4人

(2)「かん字テスト」の10点の欄を横に進み，「1人・3人・4人」を合計します。

(3)「けいさんテスト」の0点と2点と4点の欄をたてに進み，人数を合計します。

(4)2つのテストの合計が16点の人は，次の3通りです。
「かん字テストが10点でけいさんテストが6点」→1人
「かん字テストが8点でけいさんテストも8点」→6人
「かん字テストが6点でけいさんテストが10点」→0人

(5)色がついた6か所の合計です。

上級レベル 110 もんだいの かんがえかた (6)★

☑解答

❶ (1)4人
(2)12人
(3)17人

❷ (1)9人
(2)4人
(3)6

指導の手引き

❶

	2かい目の てんすう					
		0	2	4	6	8	10
1かい目の てんすう	0						
	2			1人			
	4		1人	1人			2人
	6				3人	3人	6人
	8			2人		4人	5人
	10				1人	4人	3人	4人

(3)色がついたところが2回目が1回目より点数が上がった人です。

❷ (3)犬を飼っている人の合計は左右の表で同じです。
左の表から，犬を飼っている人は，
2 + 7 = 9(人)
右の表でも合計は9人になるので，
空欄は，9 - 3 = 6

111 最上級レベル ⑮

☑解答

❶ (1)さんかく…6こ，ましかく…4こ
(2)ウ
(3)オ
(4)アと　エ

❷ (1)4人
(2)5人に　わけられて　1こ　のこる
(3)5人まで

指導の手引き

❶ (1)解答では「ましかく」を多くとっています。
以下の4つは正解です。
さんかく…8こ　ましかく…3こ
さんかく…10こ　ましかく…2こ
さんかく…12こ　ましかく…1こ
さんかく…14こ　ましかく…0こ
(2)(3)(4)
ア…△6□4
イ…△5□4
ウ…△8□4
エ…△6□4
オ…△5□3
カ…△6□3
三角と四角の数を比べて，ウがいちばん広く，オがいちばん狭いことが分かります。

❷ (3)16になるまで順にたし算して確かめます。
3人：1 + 2 + 3 = 6
4人：1 + 2 + 3 + 4 = 10
5人：1 + 2 + 3 + 4 + 5 = 15

☑解答

1 (1)さる，犬，ねこ
　　　さる，ねこ，犬
　(2)4 とおり

2 (1)下の　(れい)3 つのうち　ひとつ

　(2)(れい)

3 (1)かなさん
　(2)1 と 2 と 4
　(3)5 と 6，4 と 6

指導の手引き

1 (2)さるがまん中にこないならびかたです。
(さる，犬，ねこ) (さる，ねこ，犬)
(犬，ねこ，さる) (ねこ，犬，さる)
この 4 通りです。

3 1＋2＋3＋4＋5＋6＝21
21 は 11 と 10 に分けられるので，10 より大きい数なら勝ちです。
(1)かなさんは残りの「2，4，5」をひいています。
(2)小さい数から順に，3 枚の和を考えて，7 となるひき方を見つけます。
(3)和が 10 より大きく(11 以上で)，1 をひいている場合を考えます。
(1，5，6) (1，4，6) の 2 通りです。

☑解答

★ (1)13 (2)16
　(3)20 (4)4
　(5)33 (6)15
　(7)54 (8)102

★ (1)3 びき
　(2)6 ばん目

★ (1)10 じ 30 ぷん　(2)5 じ 10 ぷん
　(3)4 じ 20 ぷん

★ (1)34，35，36
　(2)35，55
　(3)43，53

指導の手引き

★ ○などの記号で半具体物化した図をかいて考えます。
(1)(前)○○○●○○○(後ろ)
(2)(前)○◎○○○○○
7－2＝5　とはならないことに注意します。

★ 短針が示す文字盤の数字の位置から右回り(時計回り)に経過した時間だけ針を進めます。
(3)「10」から 6 時間分進めて，
10→11→12→1→2→3→4　で4時。
長針の位置は変わらないので，4 時 20 分です。

★ まず十の位の数で仲間分けします。
3…「34　35　36」
4…「41　43」
5…「50　53　54　55　56」
(1)十の位の数が 3 のものを選びます。
(3)一の位の数が同じ数で，十の位の数が 1 だけちがう
2 つの数ををさがします。

☑解答

★ (1)ア…1 まい　イ…0 まい
　　　ウ…11 まい　エ…4 まい
　(2)〔　〕
　　〔○〕
　　〔　〕

★ (1)19 (2)15 (3)59 (4)35
　(5)7 (6)11

★ (1)2 (2)4 (3)8 (4)18

★

指導の手引き

★ ア，イ，ウ，エの順にそれぞれの形を図の中からさがします。見つけた形にはチェックを入れ，その数を図の近くに「ア1」「イ0」のように書きとめます。
数え落としや重複がないように，確実にチェックを入れるようにします。
(2)それぞれの枚数は次の通りです。
①ア1　イ0　ウ11　エ4
②ア0　イ4　ウ11　エ4
ア1つとイ2つが同じ広さなので，②が広いことがわかります。

★ 逆算です。数字が小さいので，「7 をたすと 9 になる」などのように式の意味を読み取って暗算で求めるようにします。

★ 一の位の「5」の目盛りの位置を活用します。
「5」の位置から右に進むと 6，7，…
左に進むと 4，3，…と位置取りできます。

115 仕上げテスト ③

☑解答

⭐ (1)5　(2)22
(3)72　(4)7
(5)60　(6)33

⭐ (1)10　(2)99　(3)0　(4)26

⭐ 19こ

⭐ (左から)
ましかく, さんかく, ながしかく, まる

⭐ (1)13
(2)オ
(3)6

指導の手引き

⭐ 逆算です。大きな数が含まれていますが, 同じ数の並びなど数字に特徴のある問題を集めています。逆算の式をつくらなくても無理なく答えが出せるので, 復習のときには暗算で解いてみましょう。

⭐ 8 + 6 + 5 = 19(個)

⭐ 三角柱の側面を写しとった形が「ながしかく」になることに注意させます。「ましかく」になる場合もあります。写しとった形は真上から見た形と同じであることを確かめさせましょう。

⭐ 等しい間隔の目盛りを単位長さとして数えます。
(3)数えた長さのひき算で求められますが, テープの位置をそろえて長さの違いを調べることもできます。
「エ」を左側に1目盛り分ずらし,「ウ」と左端の位置をあわせることをイメージします。このとき「エ」のテープの右端が1目盛り分だけ左に移動していることに注意して,「ウ」との右端の位置のずれを数えます。

116 仕上げテスト ④

☑解答

⭐ (1)77　(2)23
(3)48　(4)99
(5)20　(6)8

⭐ (1)115　(2)2

⭐ 7こ

⭐ (1)87 円
(2)2 円
(3)しのぶさんが　11円　おおい

⭐ (1)60　(2)7

指導の手引き

⭐ (2)ひき算ではなく, 数の並び方で考えます。
　– 101 – 100 – 99 –

⭐ ○の記号を使った図をかいて考えます。
3 + 5 = 8 とはならないことに注意します。
①②◎④③②①
図をかくとき, 問題文の「右から5ばん目」という表現から◎の右側に○を5つ並べてしまうミスに注意します。

⭐ (2)しのぶさんの代金は
45 + 30 + 23 = 98(円)
98は100より2小さい数なので, おつりが2円とわかります。⭐(2)と同様に, 数の並び方で考えます。
(3)　(1)でひろとさんの払ったお金を計算しています。その結果を利用して, 98 – 87 = 11(円)

⭐ 問題はテープ図・線分図ではありませんが, テープ図・線分図の考え方の復習です。上下の両端がそろっていることで, 同じ大きさの数を表しています。
(1)50 + 30 – 20 = 60
(2)8 + 9 – 4 – 6 = 7

117 仕上げテスト ⑤

☑解答

⭐ (1)21　(2)68
(3)65　(4)35

⭐ (上から) 1, 4, 2, 3

⭐ (1) 　(2) 　(3)

⭐ (1) 　(2)

⭐ (1)8 こ
(2)2 こ

指導の手引き

⭐ 上から1番目, 3番目, 4番目は両端が揃っているので, それらより明らかに短い2番目が最短です。
1番目と3番目で「遠回り」の度合いを考えますが, あと戻りしている1番目が長いことが感覚的に判断できます。
テープやひもに写しとって確認しましょう。

⭐ ○がついていない形が問題の上・下の両方にあることを確かめます。動いていない部分だけ絵から抜き出してみる練習をさせましょう。

⭐ (1)2通りの考え方があります。
2個ずつ6匹のりすに配るので,
20 – 2 – 2 – 2 – 2 – 2 – 2 = 8(個)
6匹のりすに1つずつ配ってからまた1つずつ配ると考えると,
20 – 6 – 6 = 8(個)
(2)8 – 6 = 2(個)

118 仕上げテスト ❻

☑解答

⭐1 (1)13 (2)1
(3)42 (4)15
(5)66 (6)110

⭐2 (1)イ, ウ, エ
(2)ア, ウ, エ

⭐3 90こ

⭐4 (1)3と5
(2)3と6 4と5
(3)3と4 4と6 5と6

指導の手引き

⭐2 (1)平面図形を重ねて立体感を表現しています。紙や板を使って，いろいろな形をつくってみましょう。
(2)細長い「ながしかく」は三角柱エの側面です。

⭐3 L字型縦横列の5のまとまりをつかって，速く正確に数えましょう。

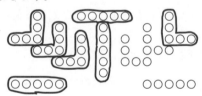

⭐4 左側を先に選び，右に進むようにもうひとつを選ぶことで，重複を避けてもれなく数え上げることができます。

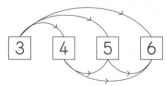

119 仕上げテスト ❼

☑解答

⭐1 (1)66 (2)98 (3)0 (4)18
(5)106 (6)60

⭐2 11じはん

⭐3 12本

⭐4 (1)(左から) 58, 62
(2)(左から) 55, 77
(3)(左から) 70, 65, 50

⭐5 (1)3つ (2)6つ (3)エ

指導の手引き

⭐1 (4)18 − 15 + 15 下線の部分を計算すると0になることから，18がそのまま答えになります。
(5)116を100と16に分け，16 − 10 = 6 100と6を合わせますが，空位の十の位に0を書き忘れないようにします。
(6)104を100と4に，44を40と4に分け，100 − 40 = 60，4 − 4 = 0

⭐3 それぞれのリボンの数を整理します。
くみこさん→14本
すみれさん→14 + 5 = 19(本)
さつきさん→すみれさんより7本少ないので，
　　　　　19 − 7 = 12(本)
文章題ですぐに答えを求める式をつくれないときは，文章をいくつかに分けて，少しずつ計算を進めるようにします。

⭐5 (1)ウは9個です。アと同数の3個ずつ区切ります。
(2)エのつみきの並び方をよく見て，アと同数の3個の列を取り分けていきます。横に1つと縦に5つで6つに区切ります。
(3)3 + 3 + 4 + 4 + 4 = 18でエの数と同じです。

120 仕上げテスト ❽

☑解答

⭐1 (1)1 (2)8
(3)5 (4)40

⭐2 (1)+ (2)−
(3)− (4)− +
(5)(左から) −, +
(6)(左から) +, −

⭐3 (左から) 3, 2, 1

⭐4 (1)(上の □) 76, (下の □) 23
(2)68とう

指導の手引き

⭐1 式を観察してつり合いや数の増減を考える問題を集めています。すっきり答えが出る計算問題に比べて達成感が得られないので，意欲的に取り組みにくい傾向がある問題です。数的感覚を磨くために，いろいろな式に慣れるようにさせましょう。

⭐2 (1)～(3)は，最初(左端)の数と計算の結果(右辺)の数を比べることで，＋・−が判断できます。
(4)～(6)も同様に数の増減に注目します。
右辺の数が大きくなっているときは，両方の□に「＋」を入れて試します。左辺の計算結果が大きくなりすぎるときは，どちらか一方を「−」に変えて右辺の答えの数に合う組み合わせをさがします。同じ要領で，答えの数が小さくなっているときは両方の□に「−」を入れ，合わないときはどちらか一方を「＋」に変えてさがします。

⭐4 (2)さるの総数が変わらないことに着目して線分にあらわします。上が引っ越し前，下が引っ越し後です。
つき山とほし山の境目にあたるところに上下それぞれ区切りを入れてみましょう。